特長と使い方

JN061420

◆ 15 時間の集中学習で入試を攻略！

1 時間で 2 ページずつ取り組み，計 15 時間(15 回)で高校入試直前の実力強化ができます。強化したい分野を，15 時間の集中学習でスピード攻略できるように入試頻出問題を選んでまとめました。

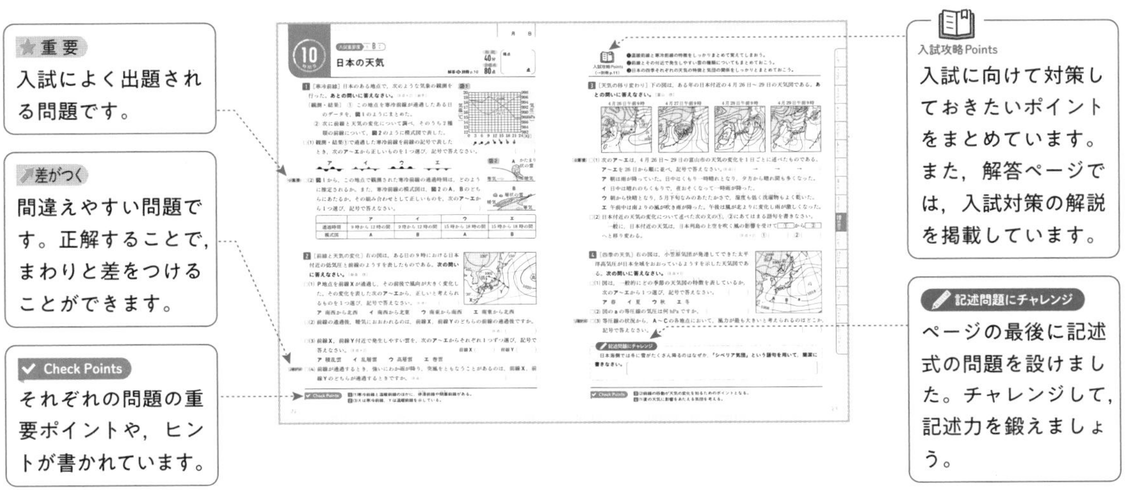
重要
入試によく出題される問題です。
差がつく
間違えやすい問題です。正解することで，まわりと差をつけることができます。
Check Points
それぞれの問題の重要ポイントや，ヒントが書かれています。
日本の天気
入試攻略Points
入試に向けて対策しておきたいポイントをまとめています。また，解答ページでは，入試対策の解説を掲載しています。
記述問題にチャレンジ
ページの最後に記述式の問題を設けました。チャレンジして，記述力を鍛えましょう。

◆「総仕上げテスト」で入試の実戦力 UP ！

総合的な問題や，思考力が必要な問題を取り上げたテストです。15 時間で身につけた力を試しましょう。

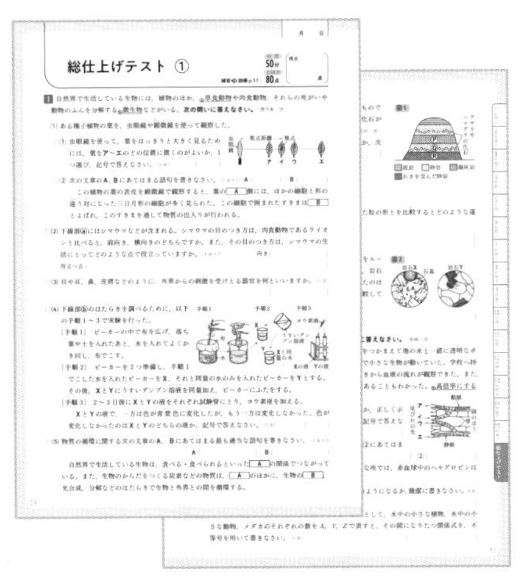
総仕上げテスト ①

◆ 巻末付録「最重点 暗記カード」つき！

入試直前のチェックにも使える，持ち運びに便利な暗記カードです。理解しておきたい最重要事項を選びました。

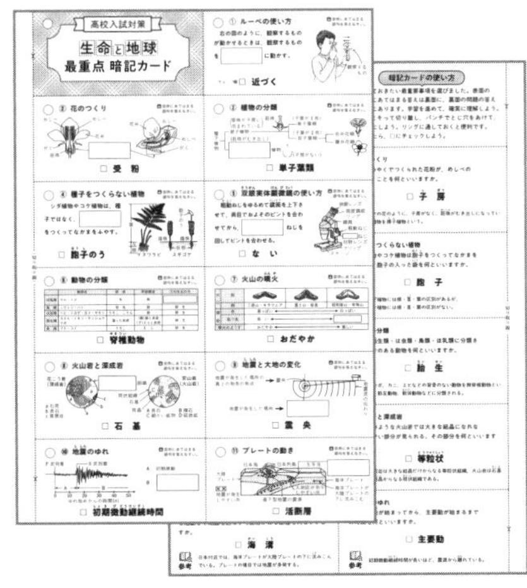
高校入試対策
生命と地球
最重点 暗記カード

◆ 解き方がよくわかる別冊「解答・解説」！

親切な解説を盛り込んだ，答え合わせがしやすい別冊の解答・解説です。間違えやすいところに ①ここに注意 ，入試対策の解説に 入試攻略 Points といったコーナーを設けています。

目次と学習記録表

◆ 下の表に学習日と得点を記録して，自分自身の実力を見極めましょう。
◆ 1 回だけでなく，復習のために 2 回取り組むことが，実力を強化するうえで効果的です。

特長と使い方 …… 1
目次と学習記録表 …… 2
出題傾向，合格への対策 …… 3

		1回目		2回目	
		学習日	得点	学習日	得点
1 時間目	植物のなかまと分類 …… 4	／	点	／	点
2 時間目	動物のなかまと分類 …… 6	／	点	／	点
3 時間目	火山と地震 …… 8	／	点	／	点
4 時間目	大地の変化と地層 …… 10	／	点	／	点
5 時間目	細胞のつくりと植物のはたらき …… 12	／	点	／	点
6 時間目	動物のからだとそのはたらき ① …… 14	／	点	／	点
7 時間目	動物のからだとそのはたらき ② …… 16	／	点	／	点
8 時間目	気象の観測 ① …… 18	／	点	／	点
9 時間目	気象の観測 ② …… 20	／	点	／	点
10 時間目	日本の天気 …… 22	／	点	／	点
11 時間目	細胞と生物のふえ方 …… 24	／	点	／	点
12 時間目	遺伝のしくみ …… 26	／	点	／	点
13 時間目	天体の動き方と地球 …… 28	／	点	／	点
14 時間目	太陽系と宇宙 …… 30	／	点	／	点
15 時間目	自然と人間 …… 32	／	点	／	点
総仕上げテスト ① …… 34		／	点	／	点
総仕上げテスト ② …… 37		／	点	／	点

試験における実戦的な攻略ポイント 5 つ，受験日の前日と当日の心がまえ …… 40

本書に関する最新情報は，小社ホームページにある**本書の「サポート情報」**をご覧ください。（開設していない場合もございます。）
なお，この本の内容についての責任は小社にあり，内容に関するご質問は直接小社におよせください。

出題傾向

◆「理科」の出題割合と傾向

〈「理科」の出題割合〉

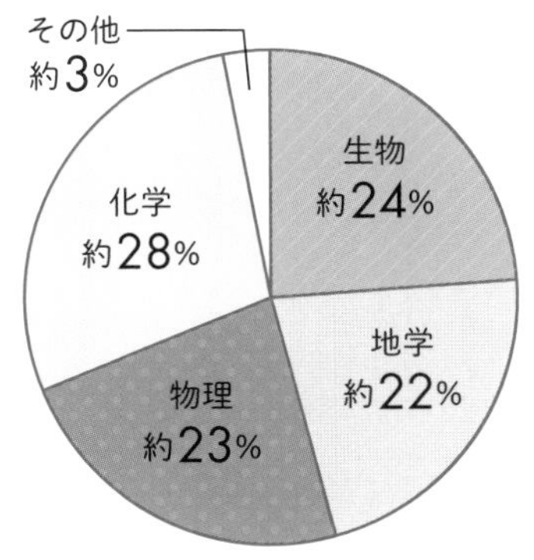

〈「理科」の出題傾向〉

- 化学・物理・生物・地学の各分野からバランスよく出題されている。
- 化学・物理の分野では，実験の方法，結果，考察，注意点が重要なポイントになる。
- 生物・地学の分野では，基本的な内容についての知識とその理解，実験・観察では基本操作や結果をもとにした思考力などが問われる。

◆「生命（生物分野）」の出題傾向

- **植物のからだのつくりとはたらき** …… 光合成や呼吸，蒸散の実験に関する問題が多い。
- **動物のからだのつくりとはたらき** …… 唾液による消化の実験に関する出題が頻出。血液の循環や反射に関する出題も多い。
- **生物の成長とふえかた** …………………… 無性生殖と有性生殖，減数分裂についての問題がよく出る。
- **遺伝の規則性と遺伝子** …………………… 子や孫の染色体，遺伝子の組み合わせについての問題が多い。

◆「地球（地学分野）」の出題傾向

- **火山と地震** ………………………………… 地震に関する計算問題が頻出。火成岩についての問題も多い。
- **地層の重なりと過去のようす** ………… 大地の変化や地層の傾きについて考える問題が多い。
- **天気の変化** ………………………………… 露点や湿度を求める問題や，雲のでき方を問う問題が頻出。
- **天体の動きと地球の自転，公転** ……… 透明半球を用いた実験に関する問題がよく出る。
- **太陽系と恒星** …………………………… 恒星や惑星の日周運動，年周運動についての問題が多い。

合格への対策

◆ 実験・観察

実験器具の操作理由や実験の目的，注意点をとらえながら，科学的に調べる能力を身につけておきましょう。

◆ 自然現象の規則性

身のまわりの自然を科学的に調べる能力を問う問題が解けるよう，身近な自然現象にも興味・関心を持ち，その規則性を簡潔に説明する力をつけておきましょう。

◆ グラフ

測定結果をもとにしてグラフを作成する場合は，測定値をはっきりと示すようにしましょう。

◆ 理科の解答形式

記号選択式が多いですが，記述式も増えてきているので，文章記述の練習をしておきましょう。

入試重要度 A **B** C

月　日

植物のなかまと分類

時間 **40**分　合格点 **80**点　得点　点

解答➡別冊 p.1

1 ［花のつくり］花のつくりについて調べるため，エンドウとツツジの花を分解し，スケッチした。図の**ア**～**カ**はエンドウの花の各部分，**キ**～**コ**はツツジの花の各部分をスケッチしたものである。**次の問いに答えなさい。**（8点×3）〔山形〕

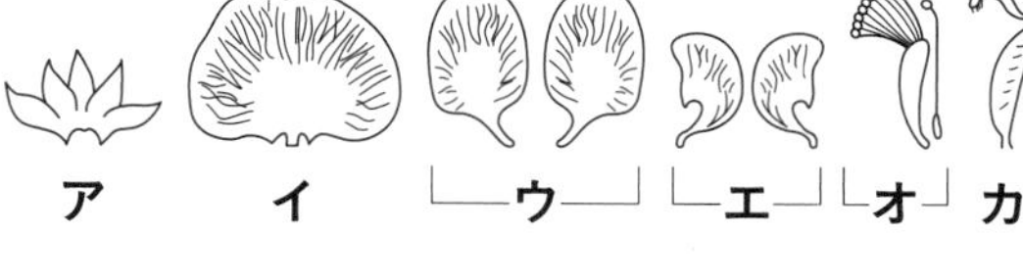

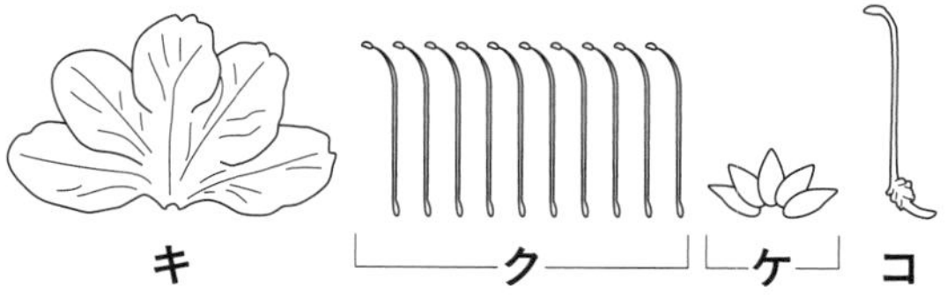

□(1) エンドウの花の**オ**とツツジの花の**ク**は，共通のはたらきをもつため，同じ名称(めいしょう)でよばれる。その名称を書きなさい。（　　　）

□(2) 花弁が１枚ずつ分かれているエンドウに対し，ツツジは花弁が１枚につながっている。花弁のつき方の違(ちが)いに注目した分類において，ツツジのような花を何といいますか。（　　　）

□(3) エンドウの花のつくりは，外側から**ア**→**イ**→**ウ**→**エ**→**オ**→**カ**の順になっている。ツツジの花の**キ**～**コ**を，花のつくりの外側から適切な順に並べかえ，記号で答えなさい。（　→　→　→　）

2 ［被子植物の特徴(とくちょう)］アブラナの観察を行った。**図１**はアブラナの花のつくりを，**図２**はアブラナのめしべの子房(しぼう)の断面を，また，**図３**はアブラナの葉のようすを，それぞれ模式的に表したものである。**次の問いに答えなさい。**（8点×3）〔新潟－改〕

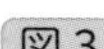

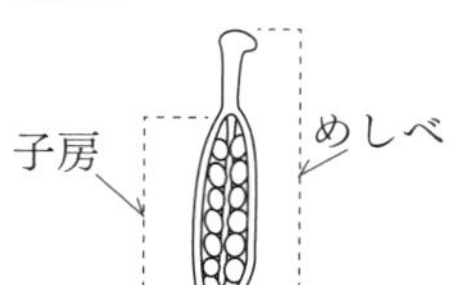

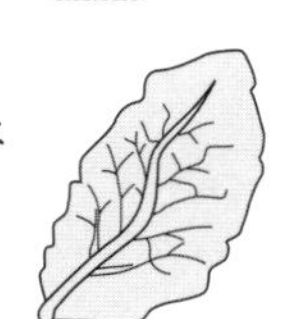

□(1) **図１**について，おしべの先端(せんたん)の袋(ふくろ)状になっている部分の中に入っているものとして，最も適当なものを，次の**ア**～**エ**から１つ選び，記号で答えなさい。（　）

ア 果実　**イ** 種子　**ウ** 胞子(ほうし)　**エ** 花粉

□(2) **図２**について，アブラナが被子(ひし)植物であることがわかる理由を書きなさい。
（　　　）

★重要 □(3) **図３**の葉の葉脈のようすから判断できる，アブラナのからだのつくりについて述べた文として，最も適当なものを，次の**ア**～**エ**から１つ選び，記号で答えなさい。（　）

ア からだの表面全体から水分を吸収する。
イ 雄花(おばな)と雌花(めばな)に分かれ，雄花のりん片には花粉のうがある。
ウ 根は，主根とそこから伸(の)びる側根からできている。
エ 根は，ひげ根とよばれるたくさんの細い根からできている。

Check Points
1 (3)めしべは花の中心にあり，そのまわりにおしべがある。
2 アブラナは双子葉(そうしよう)類で，子葉は２枚であり，葉の葉脈は網目(あみめ)状に広がっている。

入試攻略Points
(→別冊 p.1)

❶花のつくりや各部分の名称を，花の外側から順にしっかりと覚えておこう。
❷被子植物の分類や被子植物と裸子（らし）植物の違いをまとめておこう。
❸シダ植物やコケ植物のつくりやふえ方を確認しておこう。

3 ［植物の分類］植物には多くの種類があるが，種子をつくる植物は，**図1**のように分類することができる。**次の問いに答えなさい。**（7点×4）〔鹿児島－改〕

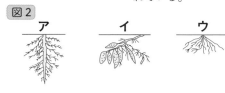

図1

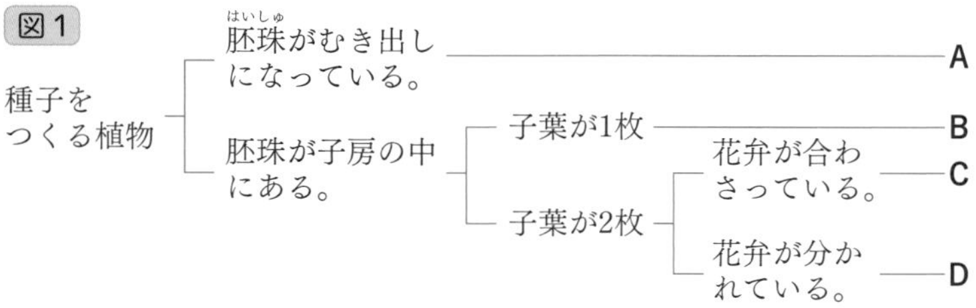

種子をつくる植物
- 胚珠（はいしゅ）がむき出しになっている。 ― A
- 胚珠が子房の中にある。
  - 子葉が1枚 ― B
  - 子葉が2枚
    - 花弁が合わさっている。 ― C
    - 花弁が分かれている。 ― D

□(1) **図1**の**A**に分類される植物のなかまを何といいますか。（　　）

重要 □(2) **図1**の**B**に分類される植物の根をスケッチしたものはどれか，**図2**の**ア**～**ウ**から1つ選び，記号で答えなさい。（　　）

図2

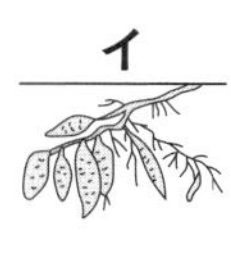
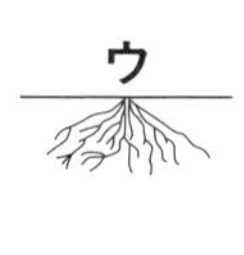

ア　イ　ウ

□(3) **図1**の**C**に分類される植物を，次の**ア**～**オ**から2つ選び，記号で答えなさい。（　　・　　）

ア タンポポ　**イ** アブラナ　**ウ** サクラ
エ ツツジ　**オ** ユリ

□(4) **図1**の**D**に分類される植物の分類名を書きなさい。（　　）

4 ［植物の分類］マツ，タンポポ，スギゴケ，イヌワラビを観察し，それぞれのからだの一部または全体をスケッチした。**図1**はマツ，**図2**はタンポポ，**図3**はスギゴケ，**図4**はイヌワラビのスケッチである。**次の問いに答えなさい。**（8点×3）〔長崎－改〕

図1

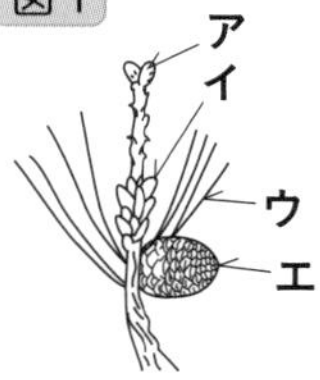

図2

図3

図4

□(1) **図1**の**ア**～**エ**のうち，雄花はどれか，記号で答えなさい。（　　）

□(2) マツとタンポポは子孫をふやすために種子をつくるのに対して，スギゴケとイヌワラビは子孫をふやすために何をつくりますか。（　　）

差がつく □(3) スギゴケとイヌワラビを比較（ひかく）して，イヌワラビだけにあてはまる特徴として最も適当なものを，次の**ア**～**ウ**から1つ選び，記号で答えなさい。（　　）

ア 茎（くき）・葉・根の区別がある。　**イ** 仮根（かこん）をもつ。　**ウ** 雌株と雄株がある。

記述問題にチャレンジ

単子葉類の特徴を，**「子葉」「葉脈」「根」にそれぞれ着目して，簡潔に書きなさい。**

［　　　　］

Check Points

3 種子をつくる植物を種子植物といい，胚珠・子葉・花弁の特徴でさらに分類される。
4 (3)コケ植物はからだの表面全体で水分を吸収し，シダ植物は根から水分を吸収する。

入試重要度 A B C

動物のなかまと分類

時間 40分　合格点 80点　得点　　点

解答➡別冊 p.2

1 ［身近な生物の観察］右の図のA～Dは，学校の近くの池にすむ生物を顕微鏡で観察し，スケッチしたものである。**次の問いに答えなさい。**〔鹿児島－改〕

（約20倍）
A.ミジンコ

（約100倍）
B.ミカヅキモ

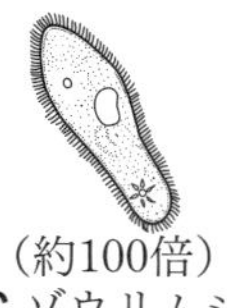
（約100倍）
C.ゾウリムシ

（約150倍）
D.アメーバ

□(1) 図の(　　)内はスケッチしたときの顕微鏡の倍率を示したものである。A～Dのうち，実際の大きさが最も大きいものはどれか，記号で答えなさい。(5点)　(　　)

□(2) 顕微鏡で観察するとき，顕微鏡を直射日光のあたらない明るい場所に置き，最も倍率の低い対物レンズを下に向けたあと，どのような順で顕微鏡を操作すればよいか，次の**ア～ウ**の操作を適切な順に並べなさい。(6点)　(　　→　　→　　)

ア 接眼レンズを目でのぞいた状態で，プレパラートと対物レンズを遠ざけながらピントを合わせる。

イ プレパラートをステージにのせ，横から見ながらプレパラートと対物レンズとをできるだけ近づける。

ウ 接眼レンズを目でのぞきながら，視野全体が明るく見えるように，反射鏡としぼり板(しぼり)を調節する。

差がつく □(3) ミカヅキモを詳しく観察するために，顕微鏡の倍率を上げて観察しようとした。高倍率にすると，顕微鏡の視野の広さと明るさはそれぞれどうなるか，簡潔に書きなさい。(6点×2)

広さ(　　　　)　明るさ(　　　　)

2 ［動物の頭骨と歯］右の図は，ヒョウとシマウマの頭の骨と歯を示したものである。**次の問いに答えなさい。**〔佐賀－改〕

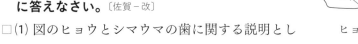

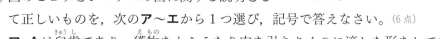

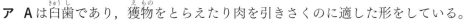

A　B　ヒョウ　C　D　シマウマ

□(1) 図のヒョウとシマウマの歯に関する説明として正しいものを，次の**ア～エ**から1つ選び，記号で答えなさい。(6点)　(　　)

ア Aは臼歯であり，獲物をとらえたり肉を引きさくのに適した形をしている。

イ Bは犬歯であり，獲物をとらえたり肉を引きさくのに適した形をしている。

ウ Cは犬歯であり，草をすりつぶすのに適した形をしている。

エ Dは臼歯であり，草をすりつぶすのに適した形をしている。

□(2) 次の文章は，ヒョウとシマウマの目の位置について説明したものである。文章中の①～③にあてはまる語句を書きなさい。(6点×3)　①(　　　)　②(　　　)　③(　　　)

ヒョウは，2つの目が前方を向いているため，シマウマに比べて左右の目で見える範囲のうち重なる部分が［①］ので，立体的に見える範囲が［②］。シマウマは，2つの目が側方に向いているため，ヒョウに比べて見渡せる範囲が［③］。

Check Points

1 (1)高倍率で見ている生物ほど，実際の大きさは小さくなる。

2 主に植物を食べる動物を草食動物といい，ほかの動物を食べる動物を肉食動物という。

入試攻略Points
(→別冊 p.2)

❶顕微鏡の各部分の名称(めいしょう)や操作の手順，倍率の求め方などをしっかりと覚えよう。
❷肉食動物と草食動物のからだのつくりの違いについて理解しておこう。
❸動物のなかま分けがしっかりとできるようにしておこう。

3 ［動物の分類］脊椎(せきつい)動物や，無脊椎動物である軟体(なんたい)動物について，教科書や資料集で調べたことを記録1，2のようにノートにまとめた。**あとの問いに答えなさい。**〔三重－改〕

〔記録1〕 脊椎動物であるメダカ，イモリ，トカゲ，ハト，ウサギの子の生まれ方やなかま分けは，右の表のように表すことができる。

	メダカ	イモリ	トカゲ	ハ ト	ウサギ
子の生まれ方	卵　生				X
なかま分け	魚　類	両生類	は虫類	鳥　類	ほ乳類

〔記録2〕 軟体動物であるアサリのからだのつくりは，右の図のように模式的に表すことができる。

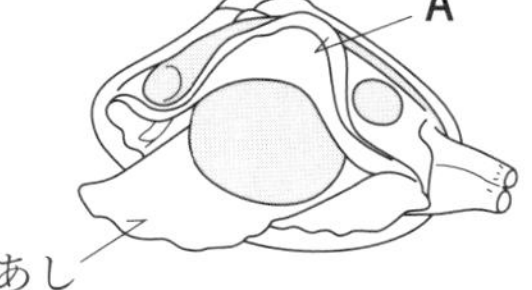

重要 □(1) ウサギの子は，母親の体内で，ある程度育ってから親と同じような姿で生まれる。このような，表の**X**に入る，子の生まれ方を何といいますか。(5点) (　　　　)

□(2) 次の文章は，トカゲとイモリの違(ちが)いについて説明したものである。文章中の①，②にあてはまる語句をそれぞれ1つずつ選び，記号で答えなさい。(6点×2) ①(　　) ②(　　)

トカゲは，①(**ア** 湿(しめ)った皮膚(ひふ)　**イ** うろこ）でおおわれている。また，卵にも違いがあり，トカゲは，②(**ア** 殻(から)のある　**イ** 殻のない）卵を産む。

重要 □(3) 次の文章は，イモリの呼吸のしかたについて説明したものである。文章中の③，④にあてはまる語句を書きなさい。(6点×2) ③(　　　) ④(　　　)

子は［ ③ ］という器官と皮膚で呼吸する。親は［ ④ ］という器官と皮膚で呼吸する。

□(4) 図で示した**A**は，内臓をおおう膜(まく)である。**A**を何といいますか。(6点) (　　　　)

差がつく □(5) 次の文は，アサリのあしについて説明したものである。文中の⑤にあてはまる語句を書きなさい。(6点) ⑤(　　　)

アサリのあしは筋肉でできており，昆虫(こんちゅう)類や甲殻(こうかく)類のあしにみられる特徴(とくちょう)である，骨格や［ ⑤ ］がない。

□(6) (5)の下線部の動物のからだの外側は，外骨格という殻でおおわれている。外骨格のはたらきについて説明しなさい。(6点) (　　　　　　　　)

□(7) アサリのように，軟体動物になかま分けすることができる動物はどれか，次の**ア**～**オ**から1つ選び，記号で答えなさい。(6点) (　　)

ア クラゲ　**イ** ミジンコ　**ウ** イソギンチャク　**エ** イカ　**オ** ミミズ

記述問題にチャレンジ

顕微鏡では，接眼レンズと対物レンズのどちらを先につけるか，**その理由とともに答えなさい。**

〔　　　　　　　　　　　　〕

Check Points

3 背骨をもつ脊椎動物は，その特徴から５つに分類される。また，背骨をもたない無脊椎動物は節足動物や軟体動物などに分けられる。(5)昆虫類や甲殻類は節足動物である。

入試重要度 A B C

火山と地震

時間 40分　合格点 80点　得点　点

解答➡別冊 p.3

1 ［火　山］火山について，**次の問いに答えなさい。**

□(1) 火山から噴出(ふんしゅつ)する火山ガスの中に最も多く含(ふく)まれる気体は何か，次の**ア〜エ**から１つ選び，記号で答えなさい。(6点)　(　　)

ア 二酸化炭素　**イ** 硫化(りゅうか)水素　**ウ** 酸素　**エ** 水蒸気

□(2) **図1**のように，火山の噴火のときには，火山ガスに混じって，細かな粒(つぶ)**A**や，空中に吹(ふ)き飛ばされたマグマが冷え固まって特有な形をした大きなかたまり**B**なども噴(ふ)き出す。**A**，**B**はそれぞれ何といいますか。(6点×2)　A(　　)　B(　　)

差がつく □(3) **図2**は，三原山の形を表したものである。三原山は，現在も活動中の火山で1986年の噴火のときに噴出した溶岩(ようがん)が冷え固まってできた岩石には，黒っぽいものが多く見られる。三原山が噴火したときの噴火のようすと噴出した溶岩の粘(ねば)り気(け)について，簡潔に書きなさい。(6点)〔和歌山－改〕(　　)

2 ［火成岩］右の図は２種類の火成岩**A**，**B**をルーペで観察し，それぞれをスケッチしたものである。**次の問いに答えなさい。**〔福井－改〕

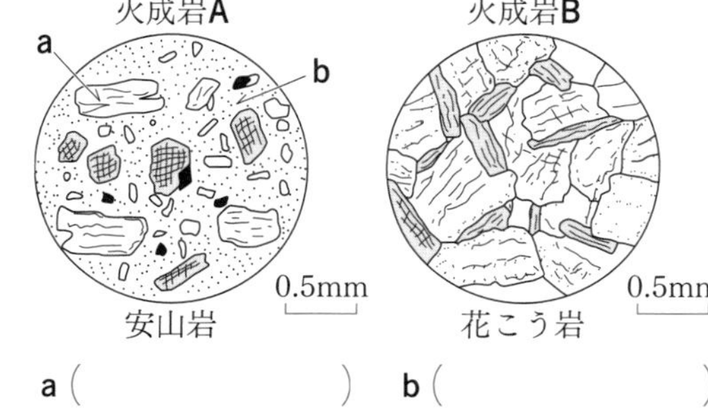

□(1) 火成岩**A**には，**a**のような比較(ひかく)的大きな粒と，**b**のような粒のよく見えない部分があった。**a**，**b**はそれぞれ何とよばれるか，その名称(めいしょう)を書きなさい。(5点×2)　a(　　)　b(　　)

重要 □(2) 火成岩**B**のでき方について述べたもので，正しいものはどれか，次の**ア〜エ**から１つ選び，記号で答えなさい。(6点)　(　　)

ア マグマが，地表あるいは地表にごく近い所で，急に冷やされて固まってできた。

イ マグマが，地表あるいは地表にごく近い所で，長い時間をかけてゆっくり冷えて固まってできた。

ウ マグマが，地下の深い所で，急に冷やされて固まってできた。

エ マグマが，地下の深い所で，長い時間をかけてゆっくり冷えて固まってできた。

□(3) 火成岩**A**，**B**のようなつくりをもつ火成岩の種類をそれぞれ何といいますか。(6点×2)

火成岩**A**(　　)　火成岩**B**(　　)

□(4) ハンマーで割ってみると，火成岩**A**，**B**には白色の同じ鉱物が含まれていた。この鉱物は何と考えられるか，次の**ア〜エ**から１つ選び，記号で答えなさい。(6点)　(　　)

ア カンラン石　**イ** 長石(ちょうせき)　**ウ** 角閃石(かくせんせき)　**エ** 輝(き)石

Check Points

1 (3)火山の形状は，溶岩の粘り気によって決まる。

2 (1)マグマが冷え固まってできた岩石を火成岩という。

入試攻略Points
(→別冊 p.4)

❶ 2 種類の火成岩のでき方の違い(ちがい)やつくりなどを確認しておこう。
❷地震の発生時刻や到着時間に関する計算問題をしっかり定着させておこう。
❸地震が起こるメカニズムをしっかり理解しておこう。

3 ［地震(じしん)のゆれ］ 右の表は，地表近くで起きたある地震を，**A**，**B**，**C**，**D**の 4 地点で観測した記録であり，**図 1** の**A**～**D**は，各観測地点の地図上の位置を示したものである。また，**図 2** は，この地震のゆれを，**A**～**D**のいずれかの観測地点の地震計で記録したものである。**次の問いに答えなさい。** ただし，震源からの距離(きょり)は，観測地点での初期微動継続時間(しょきびどうけいぞく)に比例するものとします。(6 点×4)〔新潟－改〕

観測地点	初期微動が始まった時刻	主要動が始まった時刻
A	6 時 46 分 00 秒	6 時 46 分 12 秒
B	6 時 46 分 08 秒	6 時 46 分 26 秒
C	6 時 46 分 16 秒	6 時 46 分 40 秒
D	6 時 46 分 32 秒	6 時 47 分 08 秒

図 1

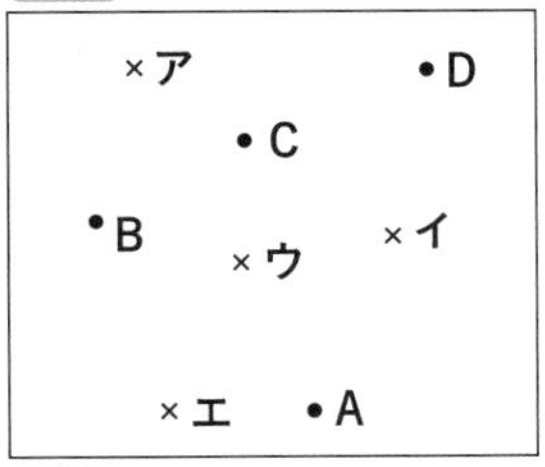

×ア　•D
•C
•B　×ウ　×イ
×エ　•A

図 2

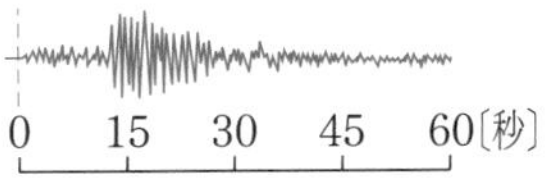

0　15　30　45　60〔秒〕

□(1) この地震の震央は，**図 1** の**ア**～**エ**のいずれかである。震央として，最も適当なものを**ア**～**エ**から 1 つ選び，記号で答えなさい。（　　）

重要 □(2) **図 2** は，どの観測地点で記録したものか，最も適当なものを表の**A**～**D**から 1 つ選び，記号で答えなさい。（　　）

差がつく □(3) この地震が発生した時刻を，次の**ア**～**エ**から 1 つ選び，記号で答えなさい。（　　）

ア 6 時 45 分 40 秒　**イ** 6 時 45 分 44 秒　**ウ** 6 時 45 分 48 秒　**エ** 6 時 45 分 52 秒

□(4) ふつう，震源からの距離が遠いほど，震度はどうなると考えられるか，簡潔に書きなさい。
（　　　　　　　　）

4 ［地　震］ 右の図は，1 時 25 分 5 秒に発生した地震について P 波，S 波が届くまでの時間と震源からの距離との関係を表したものである。**次の問いに答えなさい。** (6 点×3)

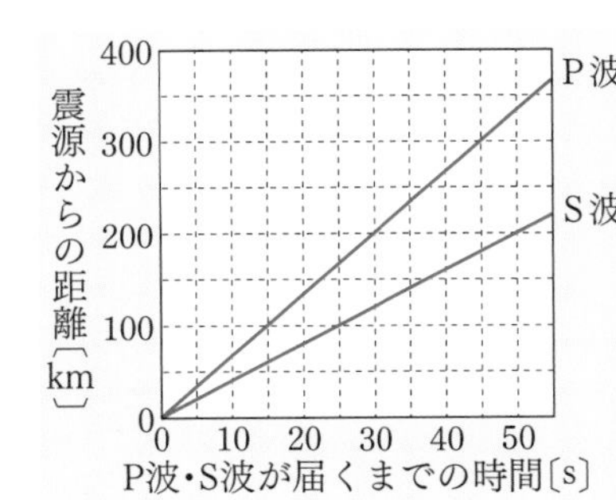

□(1) S 波の到着(とうちゃく)による大きなゆれを何といいますか。（　　）

□(2) 震源から 300 km 離(はな)れた地点での初期微動継続時間は何秒ですか。（　　）

差がつく □(3) この地震では緊急(きんきゅう)地震速報が 1 時 25 分 14 秒に発表された。震源から 120 km 離れた地点に S 波が届くのは，緊急地震速報発表の何秒後ですか。〔長崎－改〕（　　）

記述問題にチャレンジ

花こう岩が白っぽく見えるのはなぜか，**「鉱物」という語句を用いて，簡潔に書きなさい。**

［　　　　　　　　］

Check Points

3 (4)地震によるゆれの強さを震度という。
4 (1)震源からの距離と波が届くまでの時間は比例する。

入試重要度 A B C

大地の変化と地層

時間 40分　合格点 80点　得点　　点

解答⇨別冊 p.4

1 ［地　層］**図１**は，ボーリング調査が行われた**A**，**B**，**C**の３地点とその標高を示す地図であり，**図２**は，各地点の柱状図を示したものである。なお，この地域では凝灰岩の層は１つしかなく，地層には上下の逆転や断層は見られず，各層は平行に重なり，ある一定の方向に傾いている。**次の問いに答えなさい。**（８点×３）〔栃木－改〕

図１

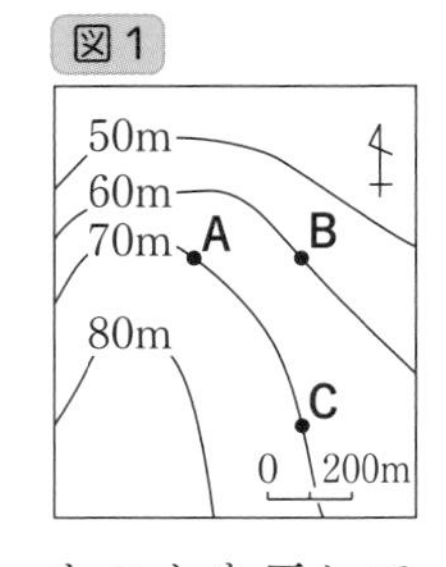

図２

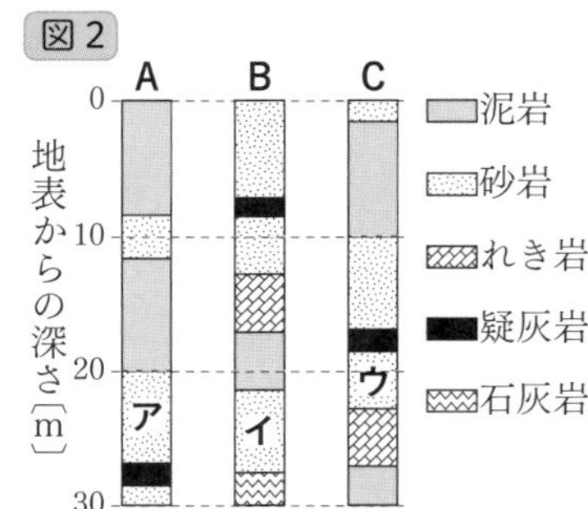

□(1) かつてこの地域の近くで火山の噴火があったことを示している岩石はどれか，次の**ア**～**エ**から１つ選び，記号で答えなさい。（　　）

ア 泥岩　**イ** 砂岩　**ウ** れき岩　**エ** 凝灰岩

□(2) **図２**の**ア**，**イ**，**ウ**の層を，堆積した時代が古い順に並べ，記号で答えなさい。

（　　→　　→　　）

差がつく □(3) この地域の地層が傾いて低くなっている方角はどれか，次の**ア**～**エ**から１つ選び，記号で答えなさい。（　　）

ア 東　**イ** 西　**ウ** 南　**エ** 北

2 ［地　層］右の図は，学校近くのがけの地層を調査し，まとめたものである。**次の問いに答えなさい。**（８点×３）〔和歌山－改〕

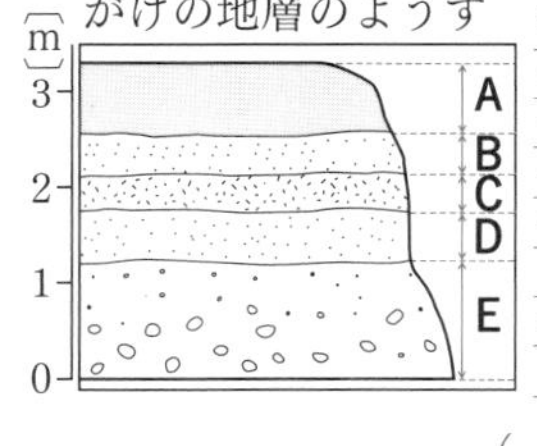

わかったこと
・Aの層は，泥岩の層であった。
・Bの層は，砂岩の層であった。
・Cの層は，凝灰岩の層であった。
・Dの層は，砂岩の層で，この中からサンゴの化石が見つかった。
・Eの層は，れき岩の層で，石灰岩とチャートのれきが含まれていた。

□(1) 泥岩，砂岩，れき岩をそれぞれ構成している泥，砂，れきは，何をもとに分けられているか，簡潔に書きなさい。（　　）

重要 □(2) **D**の層が堆積した当時の環境は，どのようであったと推定できるか，次の**ア**～**エ**から１つ選び，記号で答えなさい。（　　）

ア 深くて冷たい海　**イ** 深くてあたたかい海
ウ 浅くて冷たい海　**エ** 浅くてあたたかい海

差がつく □(3) **E**の層に含まれていた石灰岩とチャートについて，正しく述べている文はどれか，次の**ア**～**エ**から１つ選び，記号で答えなさい。（　　）

ア 石灰岩はうすい塩酸に反応して気体が発生するが，チャートは反応しない。
イ 石灰岩は堆積岩のなかまであり，チャートは火成岩のなかまである。
ウ 石灰岩は生物の遺がいを含んでいることがあるが，チャートは含んでいることはない。
エ 石灰岩は赤色，チャートは白色であり，色で区別することができる。

Check Points
1 (2)地層のつながりを知る手がかりになる層をかぎ層という。
2 (3)石灰岩にうすい塩酸をかけると二酸化炭素が発生する。

入試攻略Points
(→別冊 p.5)

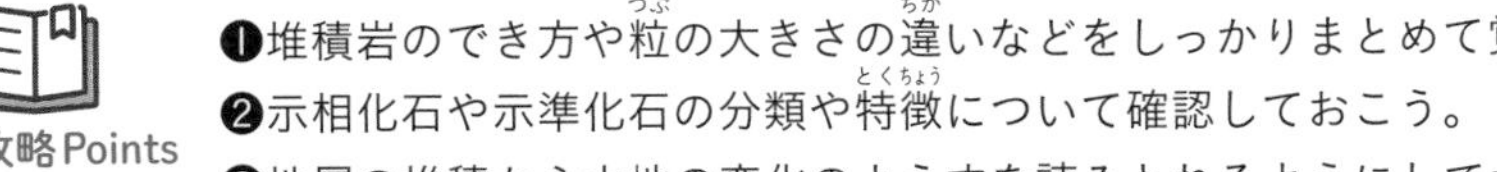
❶堆積岩のでき方や粒の大きさの違いなどをしっかりまとめて覚えておこう。
❷示相化石や示準化石の分類や特徴について確認しておこう。

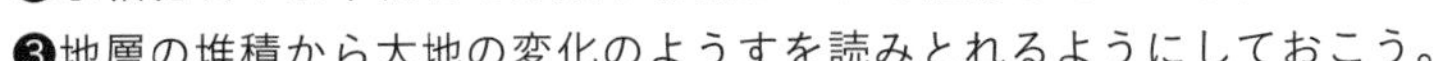
❸地層の堆積から大地の変化のようすを読みとれるようにしておこう。

3 ［大地の変化］**図１**は，あるがけの地層のようすを，**図２**は，海岸沿いにある地形のようすをスケッチしたものである。**次の問いに答えなさい。**（8点×5）

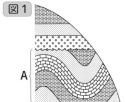

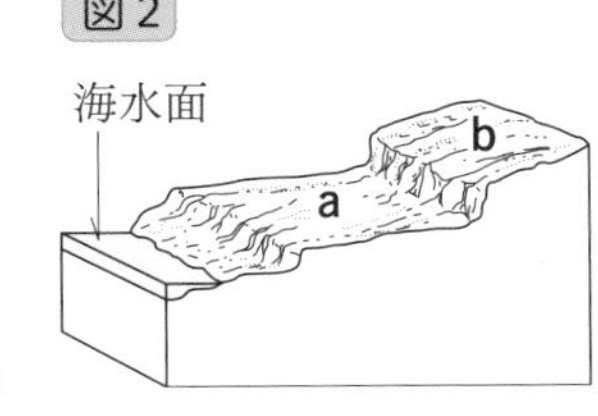

□(1) **図１**の**A**の地層は，大きな力を受け，波打つように曲がっていた。このような地形の状態を何といいますか。（　　　　）

□(2) **図１**の地層の岩石の表面は，気温の変化や風雨などのはたらきによってもろくなっていた。このように気温の変化や風雨などのはたらきによって岩石の表面がもろくなる現象を何というか，次の**ア**～**エ**から１つ選び，記号で答えなさい。（　　）

ア 侵食　**イ** 隆起　**ウ** 風化　**エ** 沈降

□(3) **図３**は，がけで見つけた岩石をスケッチしたものである。この岩石は，火成岩，堆積岩のどちらか，選んだ理由とともに簡潔に書きなさい。

（　　　　　　　　　　　　）

□(4) **図２**のように，海岸沿いに見られる平らな土地が階段状になっている地形を何といいますか。（　　　　）

差がつく □(5) **図２**において，**a**と**b**ではどちらが古い時代にできたものか，記号で答えなさい。（　　）

4 ［プレートの動きと地震］プレートの動きについて，**次の問いに答えなさい。**（6点×2）〔徳島－改〕

□(1) 日本海溝付近のプレートの動きを模式的に表したものとして，正しいものを，次の**ア**～**エ**から１つ選び，記号で答えなさい。（　　）

ア
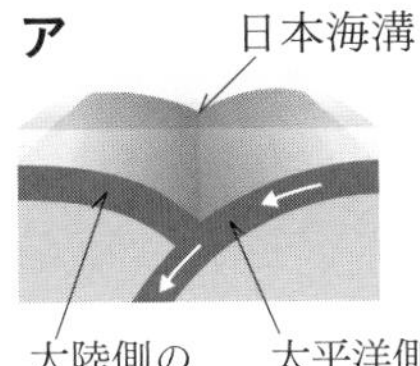

イ
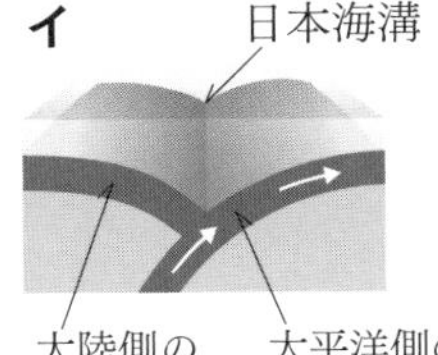

ウ
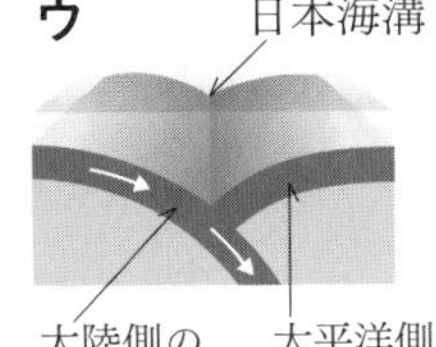

エ
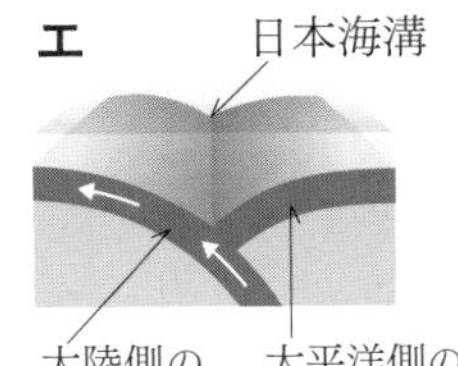

重要 □(2) プレートの運動によって岩石に巨大な力がはたらき，地下で岩石の破壊が起きたときに，地層がずれることがある。この地層のずれを何といいますか。（　　　　）

記述問題にチャレンジ

示準化石とはどのような化石か，**簡潔に書きなさい。**

［　　　　　　　　　　　　］

Check Points

3 (4)土地の隆起によって，海岸沿いにできた地形である。
4 (1)プレートが生まれる場所を海嶺，沈みこむ場所を海溝という。

入試重要度 A B C

細胞のつくりと植物のはたらき

時間 40分　合格点 80点　得点　　点

解答⇨別冊 p.5

1 ［細胞のつくり］右の図は，植物と動物の細胞のつくりを示した模式図である。**次の問いに答えなさい。**

(6点×5)〔佐賀－改〕

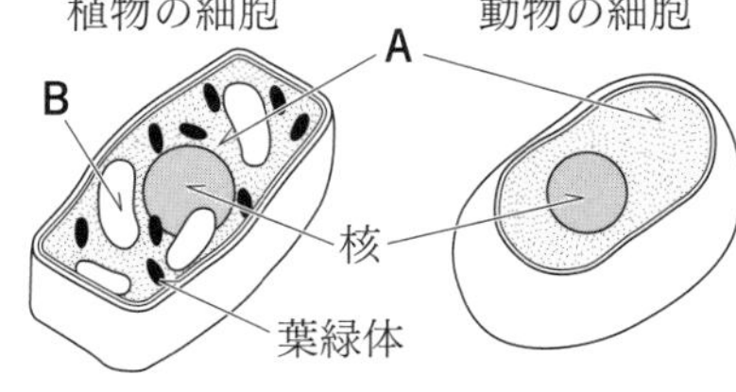

□(1) 細胞を観察するときには，酢酸オルセイン液を用いる。これは，この液にどのようなはたらきがあるからですか。(　　　　)

□(2) 図の植物と動物の細胞の核以外のAの部分を何といいますか。(　　　　)

□(3) 図の植物の細胞にだけあるBを何といいますか。(　　　　)

□(4) 図の葉緑体のはたらきについて述べた文として最も適当なものを，次の**ア**～**エ**から1つ選び，記号で答えなさい。(　　)

ア 二酸化炭素などを使い呼吸を行う。　**イ** 酸素などを使い呼吸を行う。

ウ 二酸化炭素などを使い光合成を行う。　**エ** 酸素などを使い光合成を行う。

□(5) 植物と動物の細胞に共通したつくりで，細胞をとり囲んでいる膜を何といいますか。(　　　　)

2 ［光合成］**図1**のようなふ入りのアサガオの葉を選び，一晩暗室に置いてから，**図2**のように葉の一部をアルミニウムはくでおおい，その葉に十分に日光をあてた。その葉を切りとり，アルミニウムはくをはずして熱湯にひたしたあと，あたためたエタノールの中に入れて緑色をぬいた葉を水洗いしたあと，ヨウ素液にひたした。**図3**はその結果を示したものであり，**a**～**d**で示した部分のうち，**a**の部分だけが青紫色になった。**次の問いに答えなさい。**(6点×4)〔香川－改〕

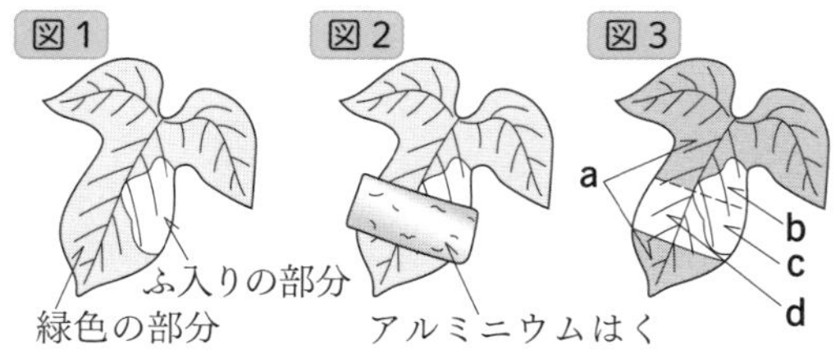

□(1) **図3**の**a**の部分が青紫色になったことから，**a**の部分でつくられたものは何といえますか。(　　　　)

□(2) 光合成には日光が必要であることを調べるには，**図3**のどの部分とどの部分を比べればよいですか。(　　と　　)

□(3) 光合成は葉の緑色の部分で行われることを調べるには，**図3**のどの部分とどの部分を比べればよいですか。(　　と　　)

★重要 □(4) この結果から，光合成には日光が必要であることがわかった。植物が光合成によって栄養分をつくるためには，日光のほかに原料として，ある気体と水が必要である。ある気体とは何か，その名称を書きなさい。(　　　　)

Check Points

1 (1)酢酸カーミン液や酢酸ダーリア液を用いることもある。

2 (3)ふ入りの部分は，光合成を行う緑色の部分のない所である。

入試攻略Points
(→別冊 p.6)

❶細胞のつくりや構造などについてしっかりまとめておこう。
❷光合成や蒸散のしくみ，光合成に必要な物質や蒸散量の計算について確認しておこう。
❸植物の根や茎，葉のつくりやはたらきについてまとめておこう。

3 ［植物のからだのつくりとはたらき］右の図は，ある植物の茎（くき）のつくりと葉のつくりを模式的に示したものである。**次の問いに答えなさい。**〔香川－改〕

茎のつくり　X　師管　表皮　葉のつくり　葉脈　表側　気孔　裏側

□(1) 根から吸収した水などの通り道になっている，図の**X**の管を何といいますか。(5点)（　　　）

□(2) 図の師管は，葉でつくられたどのようなものを通すはたらきをしているか，書きなさい。(5点)
（　　　　　　）

□(3) 次の文章の①，②にあてはまる語句を書きなさい。(6点×2)
根から吸収された水は，茎を通って，葉脈に入り，葉の細胞（さいぼう）に送られる。やがて，水は図中の矢印(⟶)のような経路をたどり，［①］となって，気孔（きこう）から大気中へ出ていく。この現象を［②］という。　①（　　　　）　②（　　　　）

差がつく □(4) 葉脈の説明として誤っているものを，次の**ア～ウ**から1つ選び，記号で答えなさい。(6点)
ア 葉の中では，葉脈の部分だけで光合成を行っている。（　　）
イ 植物の葉には，葉脈が平行に通るものと，網目（あみめ）状のものとがある。
ウ 葉脈は，うすくて広い葉を支えるのに役立っている。

4 ［蒸　散］ある種子植物を用いて，次の実験を行った。**あとの問いに答えなさい。**(6点×3)〔富山－改〕

〔実験〕 葉の大きさや数，茎の太さや長さが等しい枝を4本準備し，それぞれ右の図のように処理して，水の入った試験管**A**～**D**に入れた。さらに，試験管**A**～**D**の水面に油を1滴（てき）たらしてから，試験管**A**～**D**に一定の光をあて，10時間放置し，水の減少量を調べ，表にまとめた。

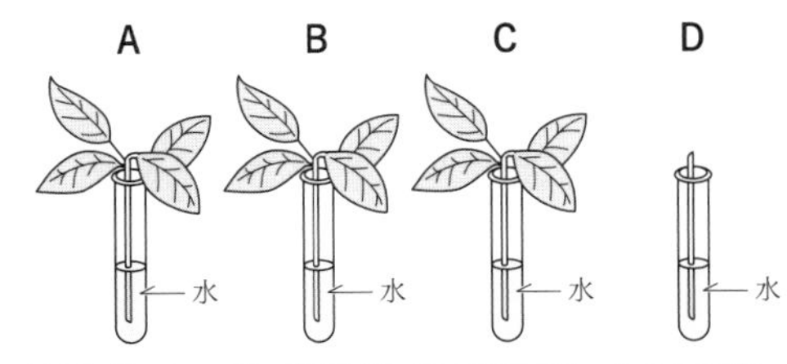

A：何も処理しない。
B：葉の裏側だけにワセリンをぬる。
C：葉の表側だけにワセリンをぬる。
D：すべての葉をとって，その切り口に，ワセリンをぬる。

試験管	A	B	C	D
水の減少量〔g〕	a	b	c	d

□(1) 水面に油をたらしたのはなぜか，その理由を簡単に書きなさい。（　　　　）

差がつく □(2) 表中の d を a，b，c を使って表しなさい。（　　　　）

□(3) 10時間放置したとき，$b=7.0$，$c=11.0$，$d=2.0$ であった。試験管**A**の水が10.0 g減るのにかかる時間は何時間か，小数第1位を四捨五入して整数で答えなさい。（　　　）

記述問題にチャレンジ
植物の葉が互（たが）いに重ならないようについている利点は何か，**簡単に答えなさい。**［　　　　］

Check Points
3 (3)気孔は三日月形の細胞(孔辺細胞)が開いてできる穴である。
4 a は葉の表＋裏＋茎，b は葉の表＋茎，c は葉の裏＋茎，d は茎からの蒸散量を表している。

入試重要度 A B C

月　日

動物のからだとそのはたらき ①

時間 40分　合格点 80点　得点　　点

解答➡別冊 p.6

1 ［消化系］唾液のはたらきを調べるため，次の実験を行った。**あとの問いに答えなさい。**（7点×4）〔千葉－改〕

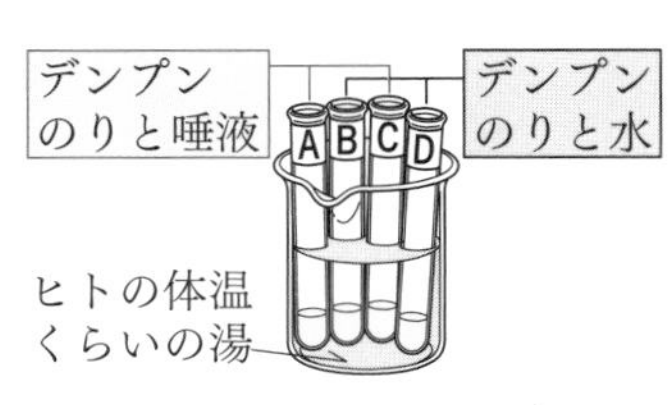

〔実験〕　右の図のように，試験管A，Cには1%デンプンのり5 cm³と唾液1 cm³を，試験管B，Dには1%デンプンのり5 cm³と水1 cm³をよく混ぜ合わせて入れ，ヒトの体温くらいの湯の中に10分間入れておいた。その後，試験管A，Bにヨウ素液を数滴加え，色の変化を見た。また，試験管C，Dにベネジクト液を少量加え，加熱して色の変化を見た。

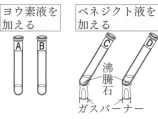

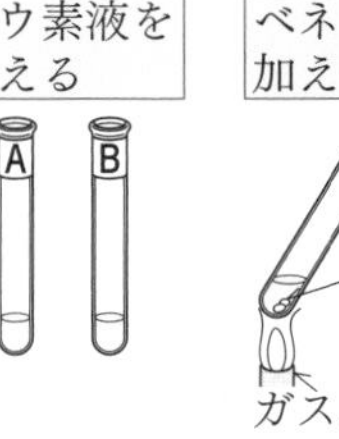

ベネジクト液を加える　C　D　沸騰石　ガスバーナー

□(1) ヨウ素液を加えたとき，中の溶液が青紫色になる試験管とベネジクト液を加えて加熱したとき，赤褐色の沈殿ができる試験管との組み合わせとして正しいものを，次のア～エから1つ選び，記号で答えなさい。

ア AとC　　**イ** AとD　　**ウ** BとC　　**エ** BとD　（　　）

差がつく □(2) この実験から，唾液はどのようなはたらきをすることがわかるか，簡潔に書きなさい。

（　　　　　　　　　　）

□(3) 唾液などの消化液に含まれ，自分自身は変化せずに，食物に含まれている栄養分を分解するはたらきをもつものを何といいますか。（　　）

□(4) 唾液に含まれている(3)を何というか，次のア～エから1つ選び，記号で答えなさい。

ア アミラーゼ　　**イ** ペプシン　　**ウ** トリプシン　　**エ** リパーゼ　（　　）

2 ［呼吸系］右の図は，ヒトのからだの中で，酸素を体内にとりこむはたらきをする，ある器官のつくりの一部分を表した模式図である。**次の問いに答えなさい。**（7点×3）〔秋田〕

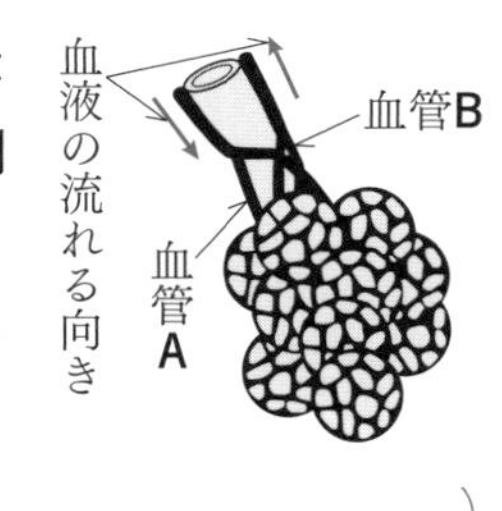

□(1) ある器官とは何ですか。（　　）

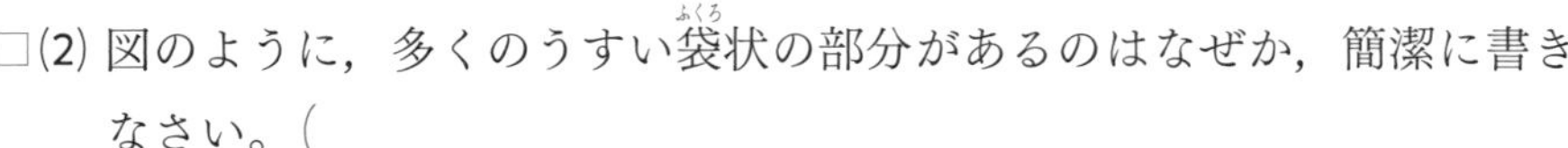

□(2) 図のように，多くのうすい袋状の部分があるのはなぜか，簡潔に書きなさい。（　　　　　　　　　　）

差がつく □(3) 図の血管Aを流れる血液をa，血管Bを流れる血液をbとしたとき，それぞれに含まれる酸素と二酸化炭素の量の関係はどうなっているか，次のア～エから1つ選び，記号で答えなさい。（　　）

ア どちらの量もaが多い。

イ どちらの量もbが多い。

ウ 酸素の量はaが多く，二酸化炭素の量はbが多い。

エ 酸素の量はbが多く，二酸化炭素の量はaが多い。

✔ Check Points

1 (1)デンプンがあれば，ヨウ素液は青紫色に変化する。

2 (1)空気中の酸素は口，鼻→気管→気管支→肺胞へと送られる。

入試攻略Points
(→別冊 p.7)

❶唾液のはたらきを調べる実験の内容をしっかり理解しておこう。
❷消化器官の名称とはたらき，消化酵素の種類などをしっかりまとめておこう。
❸血液の成分や循環系，排出系などについて覚えておこう。

3 ［循環系・消化系・排出系］血液とそのはたらきについて，**次の問いに答えなさい。**(7点×5)〔鳥取－改〕

図1

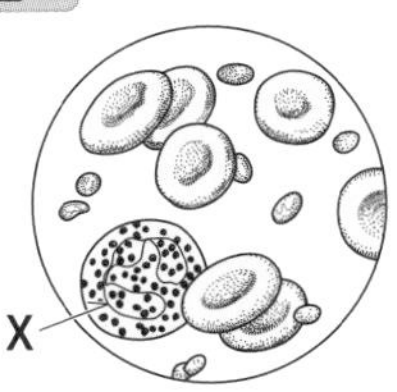

X

□(1) **図1**は，血液の固形成分と液体成分を示したものである。**図1**中の**X**のはたらきを，次の**ア**～**エ**から１つ選び，記号で答えなさい。
ア 空気にふれると，血液を固めるはたらき　(　　　)
イ 栄養分や不要な物質を運ぶはたらき　**ウ** 酸素を運ぶはたらき
エ 異物や細菌が入ってくると，それをとり除くはたらき

(2) **図2**は，ヒトのからだのつくりと血液の循環を示したものである。

図2

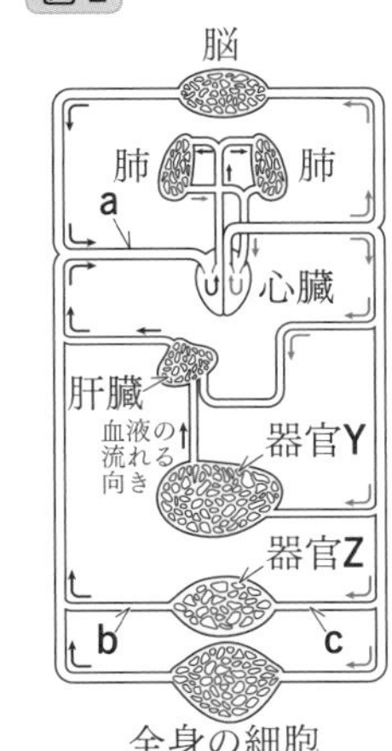

□① 血管**a**には，ところどころに弁がある。この弁のはたらきを簡潔に書きなさい。(　　　　　　　　　　　　)
□② 器官**Y**の内側に柔毛が無数にあることは，栄養分を効率よく吸収するうえで都合がよいと考えられる。それはなぜですか。
(　　　　　　　　　　　　　　　　　　　　　　)
□③ 器官**Y**の内側の柔毛から吸収されるが，直接血管内に入らないものを，次の**ア**～**エ**から１つ選び，記号で答えなさい。(　　　)
ア ブドウ糖　**イ** アミノ酸　**ウ** 無機物　**エ** 脂肪酸
差がつく □④ 血管**b**は，血管**c**に比べて尿素の少ない血液が流れていることから，器官**Z**の名称を答えなさい。(　　　　　)

4 ［循環系］右の図は，ヒトの心臓と血管を模式的に表したもので，矢印は血液の流れる向きを示している。**次の問いに答えなさい。**ただし，図は，からだを前面から見たものです。(8点×2)〔青森－改〕

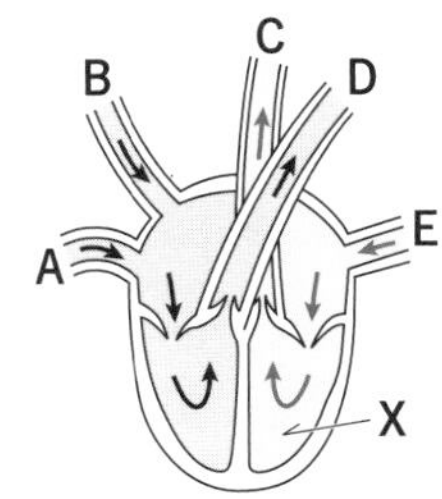

□(1) 酸素を多く含む血液が流れる血管を，図の**A**～**E**からすべて選び，記号で答えなさい。(　　　　　)
差がつく □(2) 図の**X**の部分の名称として正しいものはどれか，次の**ア**～**エ**から１つ選び，記号で答えなさい。(　　　)
ア 右心房　**イ** 右心室　**ウ** 左心房　**エ** 左心室

記述問題にチャレンジ

ヘモグロビンのはたらきを，**「酸素の多い所」，「酸素の少ない所」という語句を用いて書きなさい。**
［　　　　　　　　　　　　　　　　　　　　　　　　］

Check Points
3 (1)血液の液体成分を血しょうという。
4 (2)からだを前面から見ているので，左右が逆になっている。

入試重要度 A B C

動物のからだとそのはたらき ②

時間 40分　合格点 80点　得点　　点

解答➡別冊 p.7

1 ［ヒメダカの行動］丸形水槽にヒメダカを数匹入れて，次の２つの実験１，２を行った。**あとの問いに答えなさい。**（7点×3）〔福井－改〕

図1

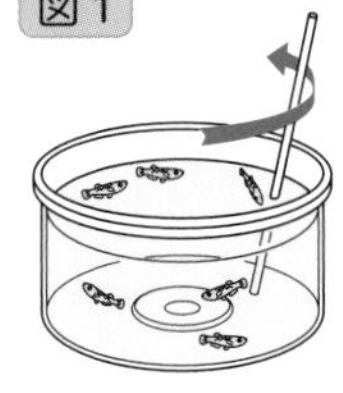

〔実験１〕 **図１**のように，丸形水槽の水を棒で一定方向に回して流れをつくる。その後，棒を引き上げてヒメダカの反応を観察する。

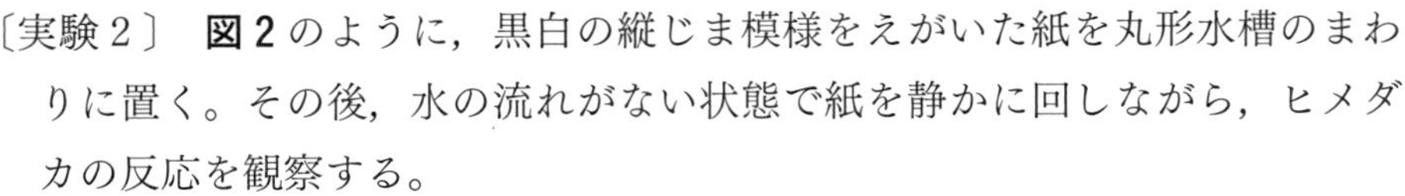

〔実験２〕 **図２**のように，黒白の縦じま模様をえがいた紙を丸形水槽のまわりに置く。その後，水の流れがない状態で紙を静かに回しながら，ヒメダカの反応を観察する。

図2

□(1) 実験１で，ヒメダカの反応はどのようになるか，簡潔に書きなさい。
（　　　　　　　　　　　　　　　　　　　　　　　　）

差がつく □(2) 実験２で，ヒメダカの反応はどのようになるか，次の**ア**～**エ**から１つ選び，記号で答えなさい。（　　）

ア 縦じま模様をえがいた紙を回す方向と同じ方向に泳ぐ。
イ 縦じま模様をえがいた紙を回す方向と逆方向に泳ぐ。
ウ それぞれのヒメダカが異なった方向に泳ぐ。
エ その場にとどまっている。

□(3) (2)のとき，刺激を受けとったのは，からだのどの感覚器官ですか。（　　　　）

2 ［耳のつくりとはたらき］次の文章は，短距離走における，スタートしたときのようすについてまとめたものである。**あとの問いに答えなさい。**

音は，感覚器官である①耳に伝わる。短距離走では，選手は②スタートの合図に反応して走り出す。

□(1) 下線部①について，右の図は，ヒトの耳のつくりの一部を模式的に表したものである。空気中では，音源が振動するとまわりの空気も振動し，その振動が耳に達することで音が聞こえる。ヒトの耳で空気の振動を受けとるのはどこか，図の**ア**～**エ**から最も適当なものを１つ選び，記号で答えなさい。また，その名称を書きなさい。（6点×2） 記号（　　） 名称（　　　　）

□(2) 下線部②について，走り出すときの命令の信号の伝わり方をまとめた次の文の下線部ⓐ～ⓒのうち，誤りのあるものを１つ選び，記号で答えなさい。また，選んだものを正しい語句になるように書き直しなさい。（7点×2）〔秋田－改〕 記号（　　）

正しい語句（　　　　）

ⓐ脳からの命令の信号は，脊髄に伝わり，その後，末しょう神経であるⓑ感覚神経を通って，ⓒ運動器官である腕やあしなどの筋肉に伝わる。

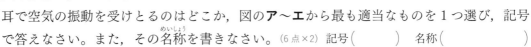

Check Points
1 (1)ヒメダカは流れがあると，その場所にとどまろうとはしない。
2 目，耳，鼻，舌，全身の皮膚などが感覚器官であり，骨格や筋肉などが運動器官である。

入試攻略Points
(→別冊 p.8)

❶反射のしくみをしっかりと理解しておこう。
❷からだを動かすときの骨格と筋肉の動きの関係を確認しておこう。
❸感覚器官のつくりとはたらきをしっかりと覚えよう。

3 ［目のつくりとはたらき］右の図は，ヒトの右目の横断面を模式的に示したものである。**次の問いに答えなさい。**(7点×3)〔三重－改〕

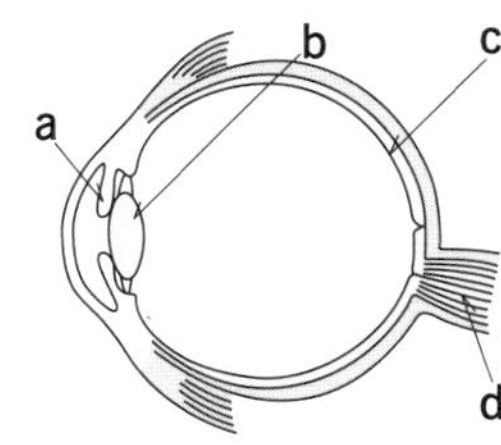

□(1) 顕微鏡を使うとき，顕微鏡の視野が急に暗くなると顕微鏡をのぞいている目のひとみの大きさは，どのようになるか，簡潔に書きなさい。 (　　　　　)

□(2) 光の量を調節するはたらきがある目の部分はどこか，図の**a**～**d**から1つ選び，記号で答えなさい。 (　　　)

□(3) 目や鼻，舌，耳，皮膚などのように，外界の刺激を受けとる器官を何といいますか。 (　　　　　)

4 ［行動のしくみ］右の図は，熱いやかんと，ヒトの腕の骨格と筋肉の一部を表したものである。手が熱いやかんにふれてしまったとき，思わず腕を引っこめた。**次の問いに答えなさい。**〔徳島－改〕

X
Y

□(1) このように，刺激に対して無意識に起こる反応を何といいますか。 (6点) (　　　　　)

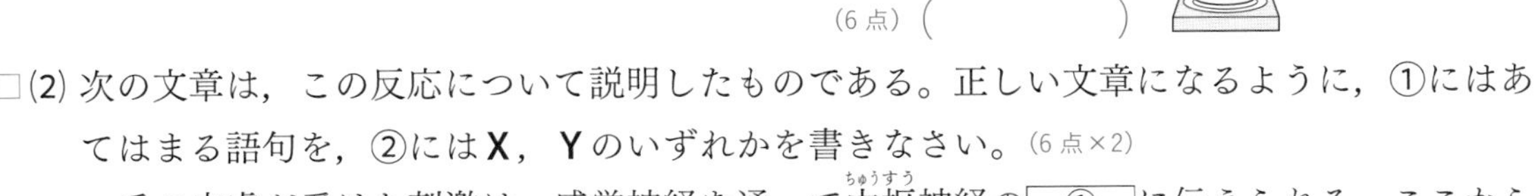

□(2) 次の文章は，この反応について説明したものである。正しい文章になるように，①にはあてはまる語句を，②には**X**，**Y**のいずれかを書きなさい。(6点×2)

手の皮膚が受けた刺激は，感覚神経を通って中枢神経の［①］に伝えられる。ここから出された命令は，腕の筋肉につながっている運動神経に伝わり，図の筋肉のうち［②］が収縮し，無意識に腕は曲がる。 ①(　　　　) ②(　　　　)

差がつく □(3) この反応と同じような，刺激に対して無意識に起こった反応はどれか，次の**ア**～**エ**から1つ選び，記号で答えなさい。(7点) (　　　)

ア あめをなめると，唾液が出た。　**イ** 後ろから肩をたたかれ，振り返った。
ウ 感動的な映画を見て，涙が出た。　**エ** ボールが飛んできたので，よけた。

□(4) この反応は，刺激を受けてから反応するまでの時間が短時間である。このことは，ヒトが生きていくうえでどのように役立っているか，簡潔に書きなさい。(7点)
(　　　　　　　　　　　　　　　　)

記述問題にチャレンジ

骨格には内臓や脳，神経を保護するはたらきのほかにどのようなはたらきがあるか，**簡潔に書きなさい。**［　　　　　　　　　　　　］

Check Points

3 (2)目から入った刺激を脳に伝える神経を視神経という。
4 (2)感覚神経と運動神経をまとめて末しょう神経という。

入試重要度 A B C

気象の観測 ①

時間 40分　合格点 80点　得点　点

解答➡別冊 p.8

1 ［大気圧］次の文章を読んで，**あとの問いに答えなさい。**（8点×2）〔京都－改〕

耐熱用のペットボトルに熱い湯を少量入れ，ペットボトルの中を水蒸気で十分に満たす。その後，すぐにペットボトルのふたをしっかりと閉め，冷たい水をかけるとペットボトルはつぶれた。これは①大気圧が関係している。ほかにも，右の**図1**のような②吸盤が机や壁にくっつくのも大気圧がはたらくためである。

図1

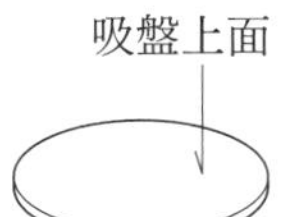

□(1) 下線部①について，大気圧による現象を述べた文として最も適当なものを，次の**ア**～**エ**から1つ選び，記号で答えなさい。（　　）

ア 煮つめた砂糖水に炭酸水素ナトリウムを加えると，ふくらんでカルメ焼きができた。

イ 手に持ったボールを宇宙ステーション内ではなすと浮いたが，地上ではなすと落下した。

ウ 密閉された菓子袋を山のふもとから山頂までもっていくと，その菓子袋がふくらんだ。

エ からのペットボトルのふたを閉め，水中に沈めてはなすと，ペットボトルが浮き上がった。

差がつく □(2) 下線部②について，右の**図2**は**図1**の吸盤を円柱形として表したものである。**図2**において，吸盤上面の面積が30 cm^2，大気圧の大きさを100000 Paとするとき，吸盤上面全体にかかる大気圧による力の大きさは何Nですか。（　　　　）

図2

吸盤上面

2 ［風の吹き方］右の表は，**図1**に示した宮城県沿岸部の観測地における，ある日の7時から19時までの気温，天気，風向，風力を示したものである。**次の問いに答えなさい。**〔宮城－改〕

時刻	7時	9時	11時	13時	15時	17時	19時
気温〔℃〕	12.1	15.4	17.2	18.5	17.4	14.0	12.5
天気	晴れ	晴れ	晴れ	晴れ	晴れ	晴れ	晴れ
風向	西	西北西	東北東	東	東南東	西南西	西
風力	3	1	3	2	2	1	1

（「気象庁のホームページ」より作成）

図1

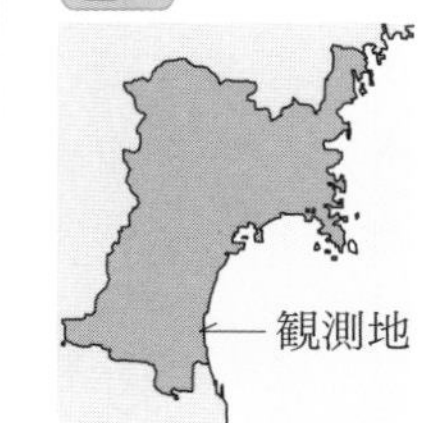

□(1) この日の11時に観測された，天気，風向，風力を表す天気図記号を，**図2**に描き入れなさい。（6点）

図2

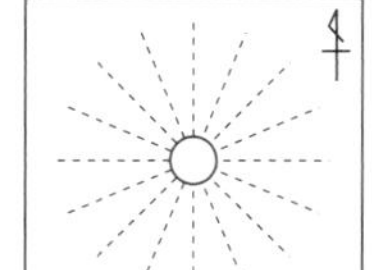

□(2) この日の観測地の風のようすを，表をもとに述べたものとして，最も適切なものを，次の**ア**～**エ**から1つ選び，記号で答えなさい。（6点）（　　）

ア 9時に海風が吹いていた。　**イ** 7時と19時に海風が吹いていた。

ウ 13時に海風が吹いていた。　**エ** 7時と比べて17時のほうが強い風が吹いていた。

★重要 □(3) この日の観測地では，風向きが1日のうちで変化し，海風と陸風が入れかわった。次の文は，陸上から海上に向かって風が吹いた理由を述べたものである。文中の①～③にあてはまる語句を1つずつ選び，記号で答えなさい。（8点×3）①（　　）②（　　）③（　　）

①（**ア** 海上　**イ** 陸上）で ②（**ア** 上昇　**イ** 下降）気流が生じ，陸上の気圧より海上の気圧が ③（**ア** 低く　**イ** 高く）なったから。

Check Points

1 (2)圧力〔Pa〕＝面を垂直におす力の大きさ〔N〕÷力がはたらく面の面積〔m^2〕

2 (1)矢ばねの先を風が吹いてくる方向に描く。

入試攻略Points
(→別冊 p.9)

❶圧力を求める計算式を覚え，大気圧の計算ができるようにしよう。
❷陸風，海風が吹くしくみをしっかり確認しよう。
❸高気圧と低気圧の風の吹き方の違い(ちが)を理解しておこう。

3［気圧と前線］ある年の10月1日，福岡市で気象を観測し，調査を行った。**あとの問いに答えなさい。**(8点×6)〔岐阜〕

〔観測〕 6時から3時間おきに，前線の通過にともなう気象の変化を観測した。右の表は，その結果をまとめたものである。

観測時刻	6時	9時	12時	15時	18時
気圧〔hPa〕	1012	1010	1006	1003	1002
気温〔℃〕	19.7	21.3	28.1	27.3	26.7
風向	東南東	東南東	南南西	南南西	南西
風力	3	3	4	4	4
天気記号	●	●	◎	●	●

〔調査〕 インターネットを使って，天気図を調べた。右の図は，観測した日の6時の天気図である。

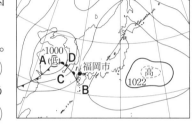

□(1) 観測結果から，福岡市の12時の天気を言葉で書きなさい。 (　　　)

□(2) 図の低気圧のように，中緯度(いど)帯で発生し，前線をともなう低気圧を何といいますか。 (　　　)

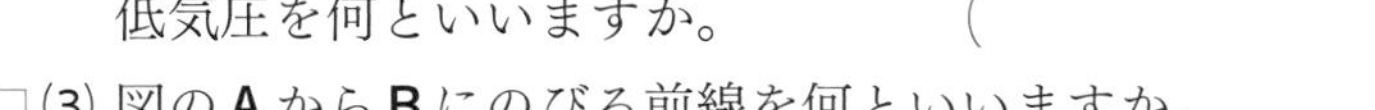

□(3) 図のAからBにのびる前線を何といいますか。 (　　　)

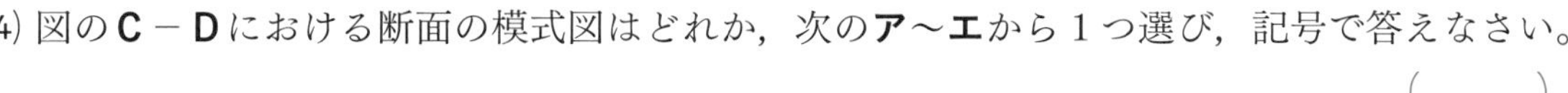

重要 □(4) 図のC－Dにおける断面の模式図はどれか，次の**ア**～**エ**から1つ選び，記号で答えなさい。 (　　)

差がつく □(5) 観測結果から，図のAからBにのびる前線が福岡市を通過したのは，何時から何時の間か，次の**ア**～**エ**から最も適切なものを1つ選び，記号で答えなさい。 (　　)

ア 6時から9時の間　　**イ** 9時から12時の間
ウ 12時から15時の間　　**エ** 15時から18時の間

□(6) 図の高気圧について，地表付近での風の吹き方を上から見たときの模式図として最も適切なものを，右の**ア**～**エ**から1つ選び，記号で答えなさい。なお，矢印は風の吹き方を表しています。 (　　)

ア
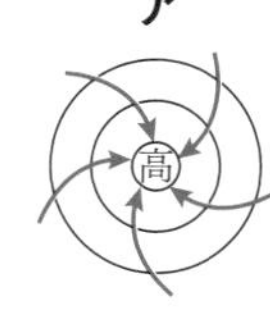

イ
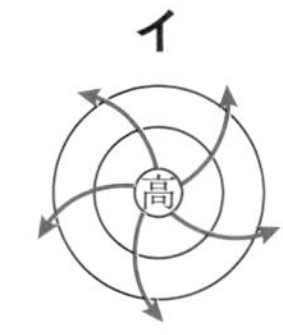

ウ
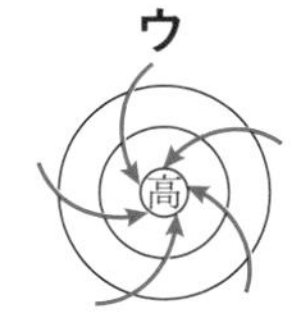

エ
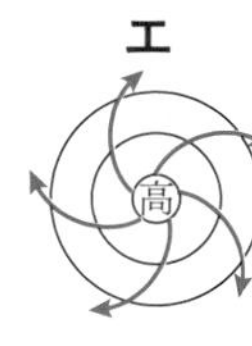

記述問題にチャレンジ

1 において，ペットボトルがつぶれた理由を，**簡潔に書きなさい。**

〔　　　　　　　　　　　　　　　〕

Check Points

3 風は気圧の高い所から低い所に向かって吹く。
(6)低気圧の場合，北半球において，中心付近では反時計まわりに風が吹きこむ。

入試重要度 A B C

気象の観測 ②

時間 40分　合格点 80点　得点　　点

解答⇨別冊 p.9

1 ［水滴(すいてき)と雲のでき方］

水滴と雲のでき方について，次の実験を行った。**あとの問いに答えなさい。**（8点×4）〔沖縄－改〕

図1

温度計　かき混ぜ棒　氷水　金属製のコップ

〔実験1〕 **図1**のように金属製のコップにくみ置きの水を入れ，氷水を少しずつ加え，水温が一様になるようにゆっくりかき混ぜながらコップの表面のようすを観察した。水温が20℃になったとき，コップの表面に水滴がつき始めた。このときの室温は25℃であった。また，下の表は，気温と飽和(ほうわ)水蒸気量との関係である。

〔実験2〕 **図2**のような装置で，雲のでき方を調べた。

図2

サーミスタ温度計　注射器　水

□(1) 実験1で，コップの表面の水滴はどのようにしてできたと考えられますか。（　　　　）

□(2) 実験1を行ったときの室内の湿度(しつど)は何%か，小数第1位を四捨五入して整数で答えなさい。（　　　）

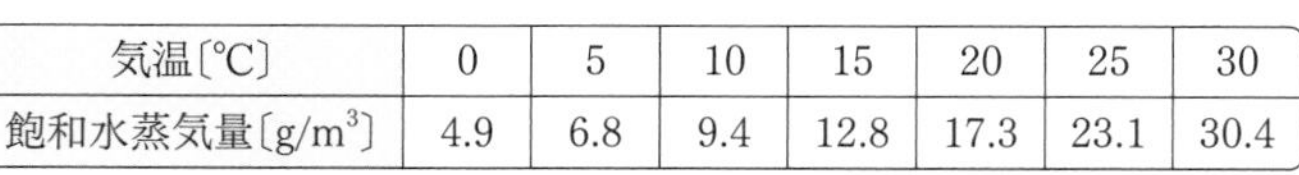

気温〔℃〕	0	5	10	15	20	25	30
飽和水蒸気量〔g/m³〕	4.9	6.8	9.4	12.8	17.3	23.1	30.4

□(3) 実験2で，注射器のピストンをどのようにしたときフラスコ内が最も白くくもるか，次の**ア**～**エ**から1つ選び，記号で答えなさい。（　　）

ア ゆっくりおしたとき。　**イ** ゆっくり引いたとき。

ウ 急におしたとき。　**エ** 急に引いたとき。

★重要 □(4) フラスコ内が白くくもったとき，フラスコ内にあった空気の体積や温度はどう変化したか，次の**ア**～**エ**から1つ選び，記号で答えなさい。（　　）

ア 膨張(ぼうちょう)して，温度が上がった。　**イ** 膨張して，温度が下がった。

ウ 圧縮されて，温度が上がった。　**エ** 圧縮されて，温度が下がった。

2 ［湿　度］

右の図は，気温と飽和水蒸気量の関係を示したものである。**次の問いに答えなさい。**〔香川－改〕

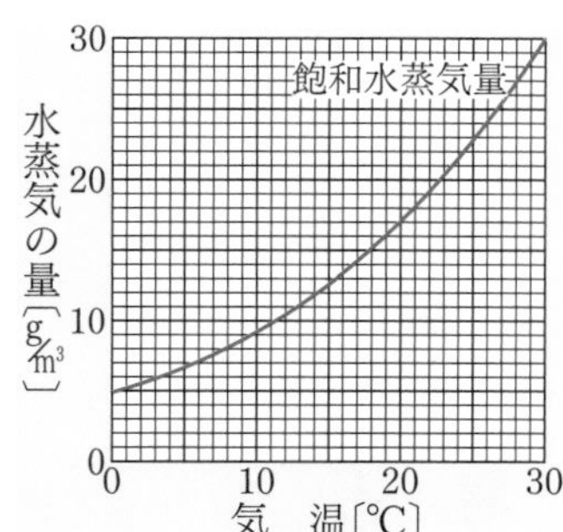

□(1) 気温25℃で，1 m³中に14 gの水蒸気を含(ふく)む空気の湿度はおよそ何%か，次の**ア**～**エ**から最も近いものを1つ選び，記号で答えなさい。（8点）（　　）

ア 16 %　**イ** 23 %　**ウ** 56 %　**エ** 61 %

差がつく □(2) 気温25℃で，1 m³中に14 gの水蒸気を含む空気5 m³の温度を3℃まで下げたとき，およそ何gの水滴ができるか，次の**ア**～**エ**から最も近いものを1つ選び，記号で答えなさい。ただし，空気の体積は変わらないものとします。（10点）

ア 8 g　**イ** 14 g　**ウ** 40 g　**エ** 70 g　（　　）

✔ Check Points

1 (3)気圧が低くなると空気は膨張し，温度が下がる。

2 (1)湿度〔%〕=（空気1 m³に含まれる水蒸気量〔g/m³〕÷その温度での飽和水蒸気量〔g/m³〕）× 100

入試攻略Points
（→別冊 p.10）

❶雲のでき方について，しっかりまとめ，覚えておこう。
❷湿度を求める公式を使いこなせるようにしておこう。
❸天気記号や風向など気象観測のデータを読みとれるようにしておこう。

3［気象観測］ある日に行った気象観測について，**次の問いに答えなさい。**（8点×3）〔青森－改〕

重要 □(1) この日のある時刻の乾湿計の示度は**図1**のようであった。**図2**の湿度表の一部を使って，このときの湿度を求めなさい。（　　　）

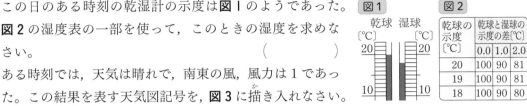

図1

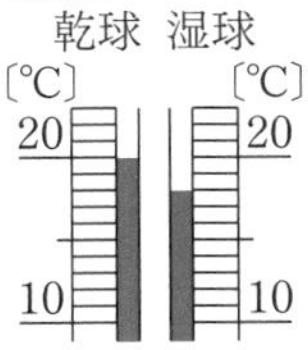

乾球　湿球
〔℃〕　〔℃〕
20　20
10　10

図2

乾球の示度〔℃〕	乾球と湿球の示度の差〔℃〕		
	0.0	1.0	2.0
20	100	90	81
19	100	90	81
18	100	90	80

□(2) ある時刻では，天気は晴れで，南東の風，風力は1であった。この結果を表す天気図記号を，**図3**に描き入れなさい。

□(3) **図4**は，1時間ごとに測定した気温をグラフにしたものである。この日，露点はほとんど変化しなかった。この日の湿度の変化はどうなるか，適切なものを，次の**ア**～**エ**から1つ選び，記号で答えなさい。（　　　）

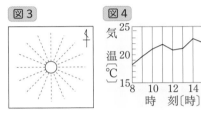

図3

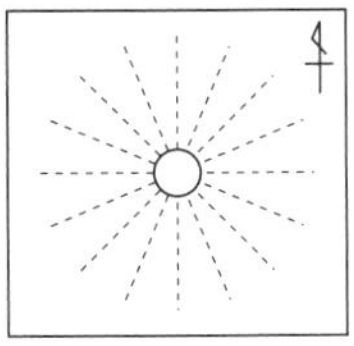

図4

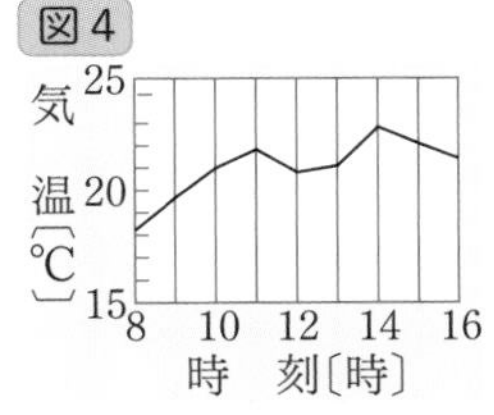

ア

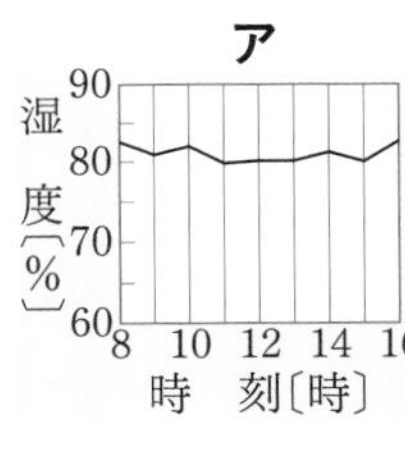

イ

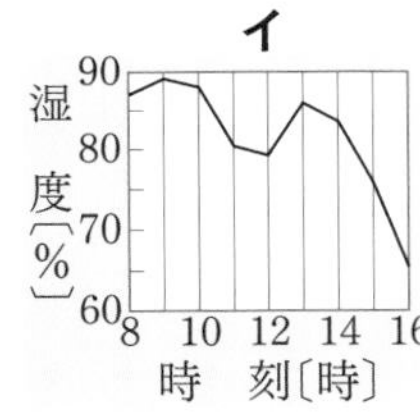

ウ

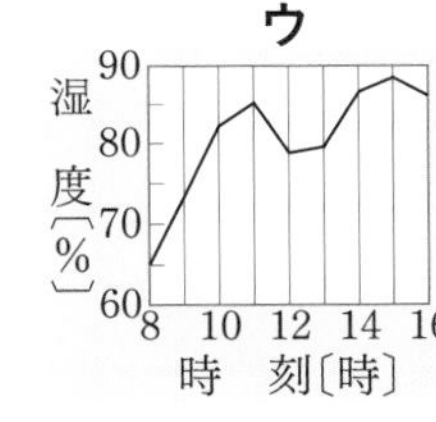

エ

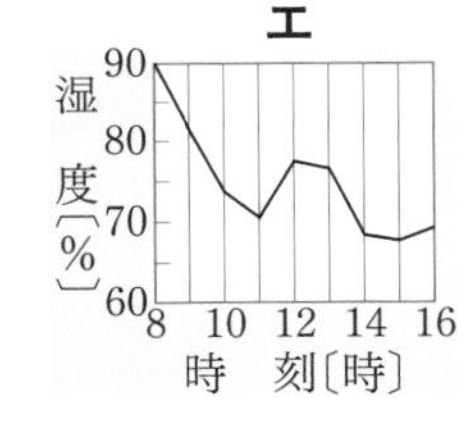

4［気圧と雲のでき方］右の図は，かさ雲とよばれる，山の頂をおおう笠のような形の雲を，模式的に表したものである。かさ雲は，日本に低気圧や前線が接近し，あたたかく湿った空気が入ってくるときにできることがある。**次の問いに答えなさい。**〔宮城－改〕

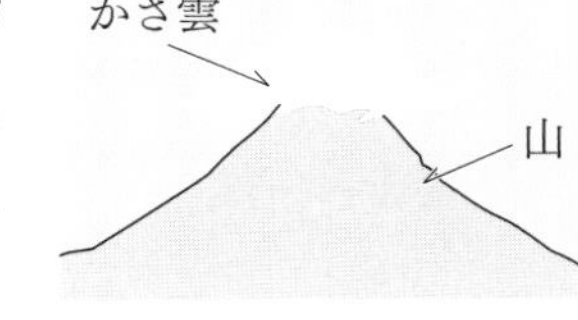

□(1) 日本のある山でかさ雲が見られたとき，山の近くに低気圧があり，南から湿った空気を含む強い風が吹いていた。次の文は，このときの低気圧の位置と風の向きについて述べたものである。文中の①，②にあてはまる語句を1つずつ選び，記号で答えなさい。（8点×2）

山の ①(**ア** 北側　**イ** 南側) に低気圧があり，低気圧の ②(**ア** 周辺から中心　**イ** 中心から周辺) に向かって風が吹いている。　①(　　　)　②(　　　)

□(2) かさ雲が，上空に強い風が吹いていても流されず，その場にとどまって見える理由を簡潔に説明しなさい。（10点）（　　　）

記述問題にチャレンジ

同じ体積の空気中に含まれている水蒸気の量が等しくても，気温が低いほうが湿度は高いのはなぜか，**簡潔に書きなさい。**〔　　　〕

Check Points

3 (3)空気中の水蒸気が水滴になるときの温度を露点という。
4 (2)山にぶつかった空気は，風上側では斜面に沿って上昇し，風下側では下降している。

入試重要度 A **B** C

日本の天気

時間 **40**分　合格点 **80**点　得点　　点

解答⇨別冊 p.10

1 ［寒冷前線］日本のある地点で，次のような気象の観測を行った。**あとの問いに答えなさい。**(8点×2)〔岩手〕

〔観測・結果〕① この地点を寒冷前線が通過したある日のデータを，**図Ⅰ**のようにまとめた。

② 次に前線と天気の変化について調べ，そのうち2種類の前線について，**図2**のように模式図で表した。

図1

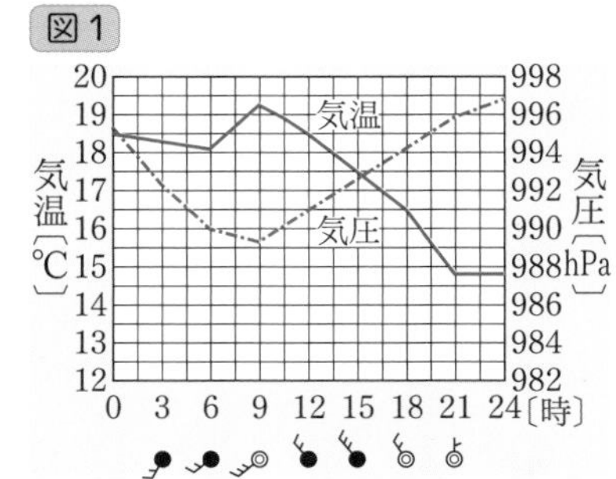

□(1) 観測・結果①で通過した寒冷前線を前線の記号で表したとき，次の**ア〜エ**から正しいものを1つ選び，記号で答えなさい。（　　）

ア　**イ**　**ウ**　**エ**

図2

A　かたまり状の雲

寒気⇨　暖気

★重要 □(2) **図Ⅰ**から，この地点で観測された寒冷前線の通過時刻は，どのように推定されるか。また，寒冷前線の模式図は，**図2**のA，Bのどちらにあたるか。その組み合わせとして正しいものを，次の**ア〜エ**から1つ選び，記号で答えなさい。（　　）

	ア	イ	ウ	エ
通過時刻	9時から12時の間	9時から12時の間	15時から18時の間	15時から18時の間
模式図	A	B	A	B

2 ［前線と天気の変化］右の図は，ある日の9時における日本付近の低気圧と前線のようすを表したものである。**次の問いに答えなさい。**〔奈良－改〕

130°　150°　40°　30°　1002　低　高　1020　P　X　Y

□(1) P地点を前線Xが通過し，その前後で風向が大きく変化した。その変化を表した次の**ア〜エ**から，正しいと考えられるものを1つ選び，記号で答えなさい。(6点)（　　）

ア 南西から北西　**イ** 南西から北東　**ウ** 南東から南西　**エ** 南東から北西

□(2) 前線の通過後，暖気におおわれるのは，前線X，前線Yのどちらの前線の通過後ですか。(6点)（　　）

□(3) 前線X，前線Y付近で発生しやすい雲を，次の**ア〜エ**からそれぞれ1つずつ選び，記号で答えなさい。(8点×2)　前線X（　　）　前線Y（　　）

ア 積乱雲　**イ** 乱層雲　**ウ** 高層雲　**エ** 巻雲

差がつく □(4) 前線が通過するとき，強いにわか雨が降り，突風(とっぷう)をともなうことがあるのは，前線X，前線Yのどちらが通過するときですか。(8点)（　　）

✓ Check Points

1 (1)寒冷前線と温暖前線のほかに，停滞(ていたい)前線や閉塞(へいそく)前線がある。

2 (3)Xは寒冷前線，Yは温暖前線を示している。

入試攻略Points
(→別冊 p.11)

❶温暖前線と寒冷前線の特徴をしっかりまとめて覚えてしまおう。
❷前線とその付近で発生しやすい雲の種類についてもまとめておこう。
❸日本の四季それぞれの天気の特徴と気団の関係をしっかりとまとめておこう。

3 ［天気の移り変わり］下の図は，ある年の日本付近の4月26日～29日の天気図である。**あとの問いに答えなさい。**〔富山－改〕

4月26日午前9時

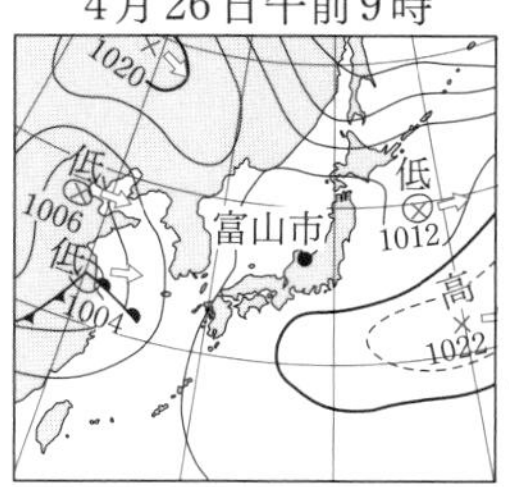

4月27日午前9時

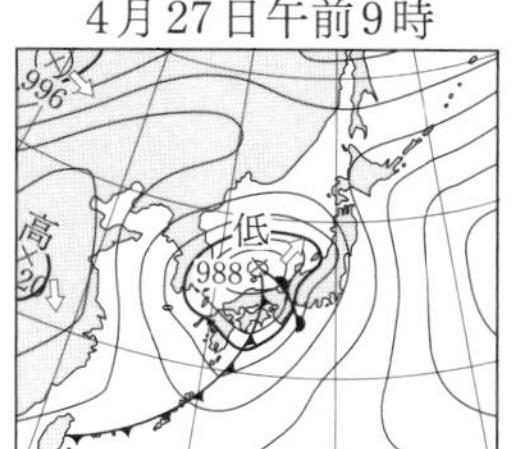

4月28日午前9時

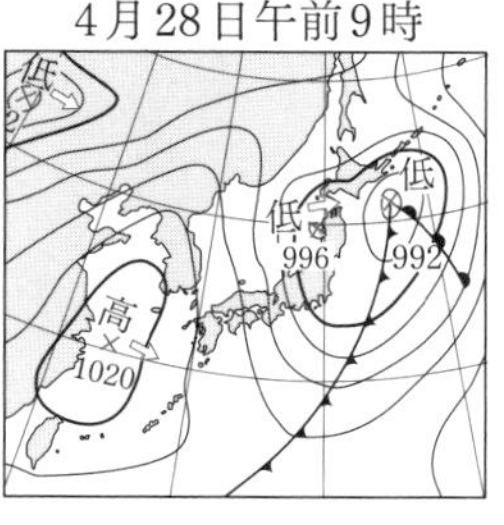

4月29日午前9時

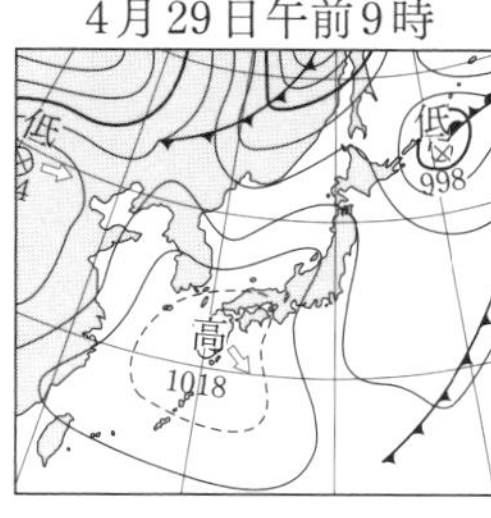

重要 □(1) 次の**ア～エ**は，4月26日～29日の富山市の天気の変化を1日ごとに述べたものである。**ア～エ**を26日から順に並べ，記号で答えなさい。(8点)（　　→　　→　　→　　）

ア 朝は雨が降っていた。日中はくもり一時晴れとなり，夕方から晴れ間も多くなった。

イ 日中は晴れのちくもりで，夜おそくなって一時雨が降った。

ウ 朝から快晴となり，5月下旬(げじゅん)なみのあたたかさで，湿度(しつど)も低く洗濯物(せんたくもの)もよく乾(かわ)いた。

エ 午前中は南よりの風が吹(ふ)き雨が降った。午後は風が北よりに変化し雨が激しくなった。

□(2) 日本付近の天気の変化について述べた次の文の①，②にあてはまる語句を書きなさい。

一般(いっぱん)に，日本付近の天気は，日本列島の上空を吹く風の影響(えいきょう)を受けて［①］から［②］へと移り変わる。

(8点×2)　①（　　）　②（　　）

4 ［四季の天気］右の図は，小笠原(おがさわら)気団が発達してできた太平洋高気圧が日本全域をおおっているようすを示した天気図である。**次の問いに答えなさい。**(8点×3)

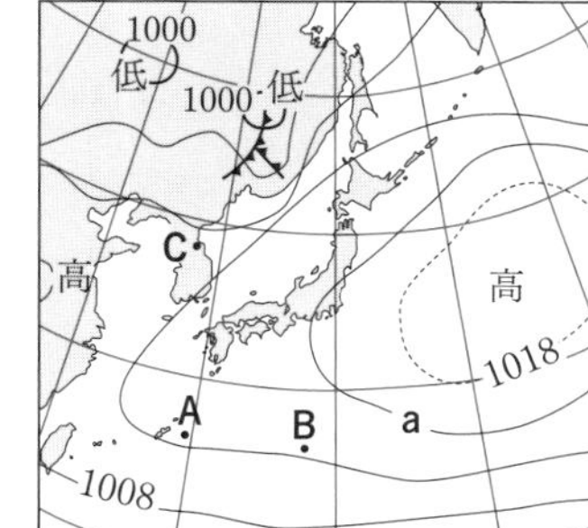

□(1) 図は，一般的にどの季節の天気図の特徴(とくちょう)を表しているか，次の**ア～エ**から1つ選び，記号で答えなさい。（　　）

ア 春　**イ** 夏　**ウ** 秋　**エ** 冬

□(2) 図の**a**の等圧線の気圧は何hPaですか。（　　）

差がつく □(3) 等圧線の状況(じょうきょう)から，**A～C**の各地点において，風力が最も大きいと考えられるのはどこか，記号で答えなさい。（　　）

記述問題にチャレンジ

日本海側では冬に雪がたくさん降るのはなぜか，**「シベリア気団」という語句を用いて，簡潔に書きなさい。**［　　］

Check Points

3 (2)前線の移動が天気の変化を知るためのポイントとなる。

4 (1)夏の天気に影響をあたえる気団を考える。

入試重要度 A B C

細胞と生物のふえ方

時間 40分　合格点 80点　得点　点

解答➡別冊 p.11

1 ［成長のしくみ］タマネギの根を**図1**のように成長させ，その先端部を**図2**のように10 mmほどの長さに切りとり，細胞どうしを離れやすくするために，ある<u>薬品</u>で処理した。その後，スライドガラスにのせ，柄つき針で軽くつぶし，染色液を数滴落とした。数分後にカバーガラスをかけ，その上からろ紙をかぶせ，プレパラートを作成し，顕微鏡で観察した。**次の問いに答えなさい。**〔秋田－改〕

図1

図2

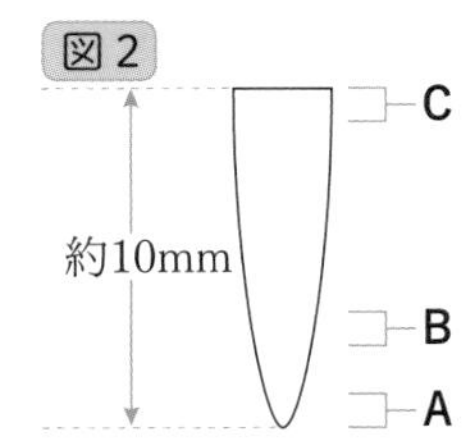

図3

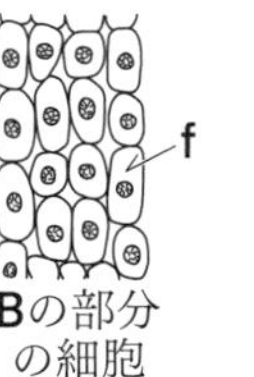

Aの部分の細胞（400倍）　Bの部分の細胞（100倍）　Cの部分の細胞（100倍）

□(1) 下線部の薬品は何ですか。(7点)（　　　）

□(2) 細胞どうしが離れるようにするために，どのような操作をするか，簡潔に書きなさい。(7点)

（　　　）

重要 □(3) **図3**は，**図2**の**A**，**B**，**C**のそれぞれの部分の細胞を観察したときのスケッチである。**e**，**f**，**g**の細胞を，実際の大きさの大きい順から並べ，記号で答えなさい。(7点)

（　→　→　）

□(4) 根が成長するしくみについて，次の文の①，②にあてはまる語句を書きなさい。(7点×2)

①（　　　）②（　　　）

細胞分裂によって細胞の［①］がふえ，その後1つ1つの細胞が［②］なり，根が成長する。

2 ［細胞分裂］右の図は，タマネギの根の細胞分裂のようすを顕微鏡で観察して，模式的に表したものである。**次の問いに答えなさい。**(7点×4)〔群馬－改〕

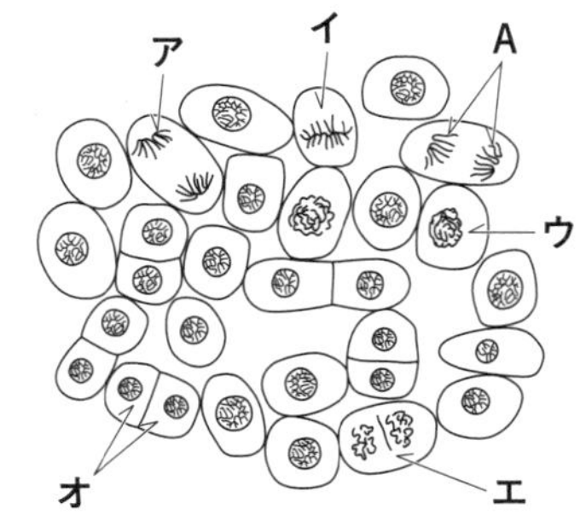

□(1) 図の**ア**～**オ**は，1つの細胞が2つに分かれる途中のいろいろな段階の細胞である。**オ**を最後として，**ア**～**エ**を，細胞が分かれる過程の順に並べ，記号で答えなさい。

（　→　→　→　→ **オ**）

□(2) 図の**A**で示す，ひものようなものの名称を書きなさい。

（　　　）

□(3) 図の**A**の中に含まれていて，生物の形や性質などの特徴を子孫に伝えるはたらきをするものの名称を書きなさい。（　　　）

差がつく □(4) (3)の本体は何とよばれる物質か，その名称を書きなさい。（　　　）

Check Points

1 (3)根の先端に近い部分(成長点)を保護している部分を根冠という。

2 (3)生物のもつ形や性質の特徴を形質という。

入試攻略Points
(→別冊 p.12)

❶細胞分裂の過程をしっかりと覚えておこう。
❷どのように生物が成長していくのかを確認しておこう。
❸有性生殖と無性生殖の特徴をしっかりとまとめておこう。

3［動物の有性生殖(せいしょく)］学校の近くの田んぼでトノサマガエルの卵を採取して，次の観察を行った。**あとの問いに答えなさい。**（7点×3）〔和歌山－改〕

〔観察〕 右の図のように，水槽(すいそう)に田んぼの水，オオカナダモ，トノサマガエルの卵を入れて観察した。観察を続けていると，受精卵(じゅせいらん)が分裂し始め，1週間後，おたまじゃくしとなって泳ぎだした。次に，観察した受精卵の育っていくようすと生殖について，図鑑(ずかん)などで調べた。

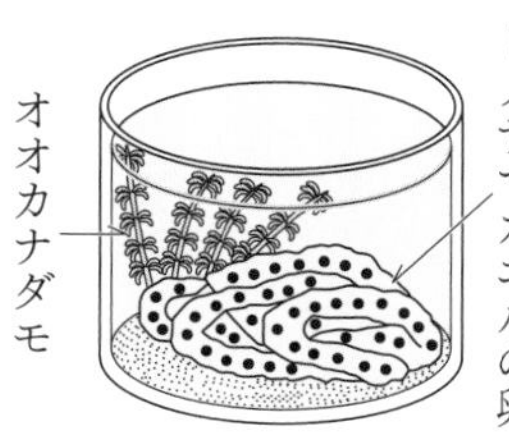

重要 □(1) 右の図の**ア～オ**は，カエルの受精卵が育っていくときのいろいろな時期のスケッチである。受精卵が育っていく順に並べ，記号で答えなさい。

ア　イ　ウ　エ　オ

（　→　→　→　→　）

□(2) 受精に関係する卵(らん)や精子について，図鑑で調べてみた。卵がつくられるのは，雌(めす)の体内のどの部分か，名称を書きなさい。（　　）

□(3) カエルの生殖について書いた次の文の，□にあてはまる適当な語句を書きなさい。（　　）

カエルの生殖のように，雌雄(しゆう)にもとづくふえ方を□といい，形質の現れ方は両親の染色体(せんしょくたい)に含まれている遺伝子の組み合わせで決まる。

4［有性生殖と無性生殖］**図1**はタンポポの1つの花のつくりを，**図2**はアメーバの分裂のようすを示したものである。**次の問いに答えなさい。**（8点×2）〔青森－改〕

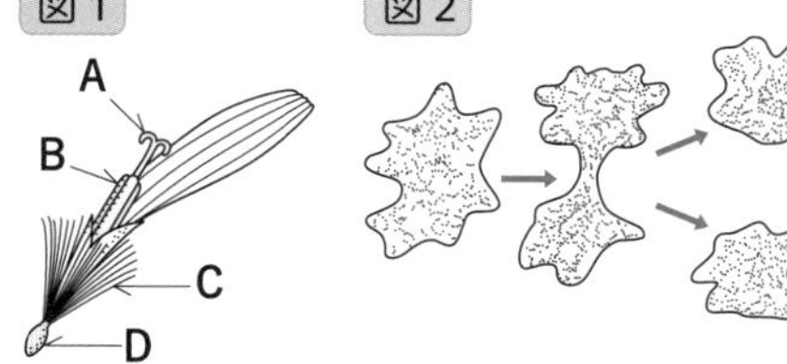

□(1) **図1**で卵細胞が存在する部分を**A～D**から1つ選び，記号で答えなさい。（　）

□(2) アメーバのふえ方は，無性生殖である。次の**ア～エ**から無性生殖であるものを1つ選び，記号で答えなさい。（　）

ア 親ネコから子ネコが生まれる。　**イ** 卵からヒヨコが生まれる。
ウ チューリップの球根から芽が出る。　**エ** アブラナの種子から芽が出る。

記述問題にチャレンジ

動物の場合，どの時期を胚(はい)とよぶか，**簡潔に書きなさい。**

［　　］

Check Points
3 (3)雌雄にもとづくふえ方では，子は両親からそれぞれの染色体を半分ずつ受けつぐ。
4 (1)卵細胞が存在する部分は，子房(しぼう)の中の胚珠(はいしゅ)である。

月　日

入試重要度 A B C

遺伝のしくみ

時間 40分　合格点 80点　得点　点

解答⇨別冊 p.13

1 ［分裂による生殖と遺伝］**図1**は，アメーバがふえるようすを表したものである。**次の問いに答えなさい。**（8点×2）〔長崎－改〕

図1

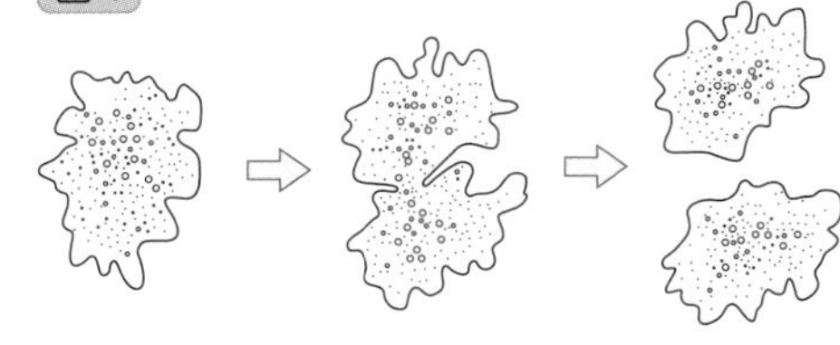

重要 □(1) アメーバが行う分裂のように，親のからだの一部から新しい個体ができる生殖方法を何といいますか。（　　　）

□(2) **図2**は，アメーバと同じふえ方をするある生物の，分裂する前の染色体を模式的に表したものである。この生物が分裂したあとの細胞1個あたりの染色体を正しく表しているものを，次の**ア**～**エ**から1つ選び，記号で答えなさい。（　　）

図2

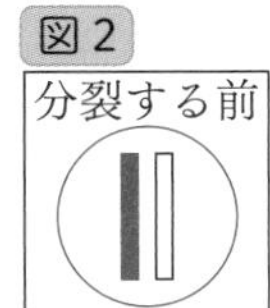

ア

イ

ウ

エ

2 ［遺伝のしくみ］右の図は，エンドウの種子の形に着目して，遺伝のしくみをまとめたものである。丸い種子をつくる遺伝子をA，しわのある種子をつくる遺伝子をaとする。遺伝子の組み合わせがAAの丸い種子のエンドウの花粉を，aaのしわのある種子のエンドウのめしべに受粉させると，子はすべてAaの丸い種子になる。さらに，この子どうしを自家受粉させると，孫には遺伝子の組み合わせが①～④の種子ができ，丸い種子の数としわのある種子の数との比を，最も簡単な整数の比で表すと，［X］となる。**次の問いに答えなさい。**（10点×4）〔和歌山－改〕

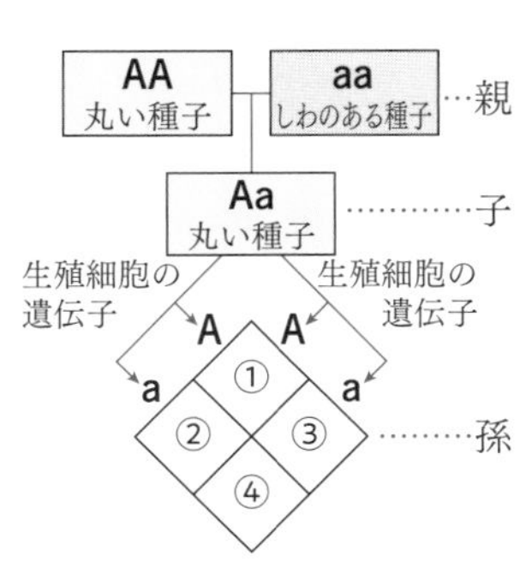

□(1) 19世紀中ごろ，遺伝学の基礎を築くうえで重要な役割を果たした人物はだれか，次の**ア**～**エ**から1つ選び，記号で答えなさい。（　　）

ア オーム　**イ** ガリレオ　**ウ** ニュートン　**エ** メンデル

□(2) 下線部のように，一方の親の形質だけが子に現れるとき，一般に，その現れる形質を何といいますか。（　　　）

差がつく □(3) 一般に，減数分裂で生殖細胞がつくられるときには，対になっている遺伝子が分かれて別々の生殖細胞に入る。これを何の法則といいますか。（　　　）

□(4) 文中の［X］にあてはまる整数の比を，次の**ア**～**エ**から1つ選び，記号で答えなさい。（　　）

ア 1：1　**イ** 2：1

ウ 3：1　**エ** 4：1

Check Points

1 (2)分裂による生殖では，親とまったく同じ形質をもつ子ができる。

2 (2)子に現れないほうの形質を潜性形質という。

入試攻略Points
(→別冊 p.13)

❶無性生殖と有性生殖の遺伝のしくみをそれぞれしっかりとまとめておこう。
❷メンデルの法則による個体数の比率などの計算を理解しておこう。
❸生物の進化について，その移り変わりの順とともにしっかりとおさえておこう。

3 ［遺伝子と形質］メンデルはエンドウの種子の形などの形質に注目し，形質が異なる純系の親をかけ合わせ，子の形質を調べた。さらに，子を自家受粉させて，孫の形質の現れ方を調べた。表は，メンデルが行った実験の結果の一部である。**次の問いに答えなさい。**〔富山〕

形質	親の形質の組合せ	子の形質	孫に現れた個体数	
種子の形	丸形×しわ形	すべて丸形	丸形 5474	しわ形 1850
子葉の色	黄色×緑色	すべて黄色	黄色 X	緑色 2001
草たけ	高い×低い	すべて高い	高い 787	低い 277

□(1) 種子の形を決める遺伝子を，丸形は**A**，しわ形は**a**と表すことにすると，丸形の純系のエンドウがつくる生殖細胞にある，種子の形を決める遺伝子はどう表されますか。(8点)　(　　)

重要 □(2) 表の X にあてはまる個体数はおよそどれだけか，次の**ア〜エ**から1つ選び，記号で答えなさい。(10点)　(　　)

ア 1000　**イ** 1800　**ウ** 4000　**エ** 6000

□(3) 種子の形に丸形の形質が現れた孫の個体5474のうち，丸形の純系のエンドウと種子の形について同じ遺伝子をもつ個体数はおよそどれだけか，次の**ア〜エ**から1つ選び，記号で答えなさい。(10点)　(　　)

ア 1300　**イ** 1800　**ウ** 2700　**エ** 3600

4 ［脊椎(せきつい)動物の進化］脊椎動物について，**次の問いに答えなさい。**(8点×2)

差がつく □(1) **図1**のように，ワニの前あし，スズメの翼(つばさ)，イヌの前あしの骨格を比(ひ)較(かく)すると，これらは同じものからそれぞれの生活やはたらきに適した形に変化したもので，生物が共通の祖先から進化した証拠(しょうこ)の1つと考えられる。このように，もとは同じものから変化したと考えられるからだの部分を何器官といいますか。　(　　　　)

図1

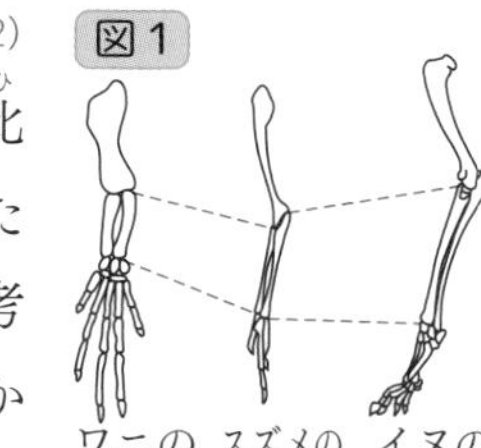

□(2) **図2**は，ドイツ南部の1億5千万年前の地層から発見された化石である。この化石になった動物は，鳥類とは虫類の両方の特徴(とくちょう)をもっていることから，鳥類がは虫類から分かれて変化したことを示す最もよい例と考えられている。この化石の動物は何と名づけられていますか。　(　　　　)

図2

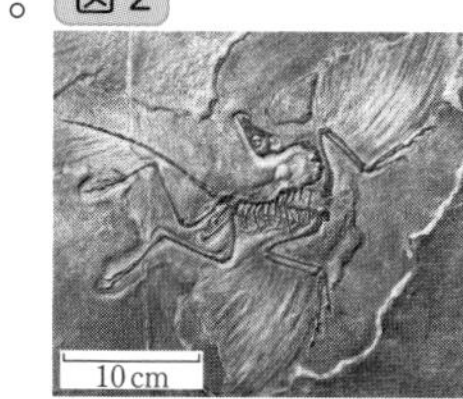

記述問題にチャレンジ

有性生殖において，親の染色体の数と子の染色体の数が等しいのはなぜか，**簡潔に書きなさい。**

〔　　　　　　　　〕

Check Points

3 種子の形，子葉の色，草たけはそれぞれ「丸形」「黄色」「高い」のほうが顕性(けんせい)形質である。
4 (1)ダーウィンは著書「種の起源」で，生物は進化するという考えを唱えた。

入試重要度 A B C

天体の動き方と地球

時間 40分　合格点 80点　得点　　点

解答⇨別冊 p.14

1 ［太陽の日周運動］2月のある日，日本のある中学校で，太陽の1日の動きを観察した。右の図は1時間ごとの太陽の位置を透明(とうめい)半球上にサインペンで×印で記録し，それらをなめらかな線で結んだものである。Oは透明半球のふちがえがく円の中心，Rは太陽の高度が最も高くなった位置である。**次の問いに答えなさい。**（7点×4）〔沖縄－改〕

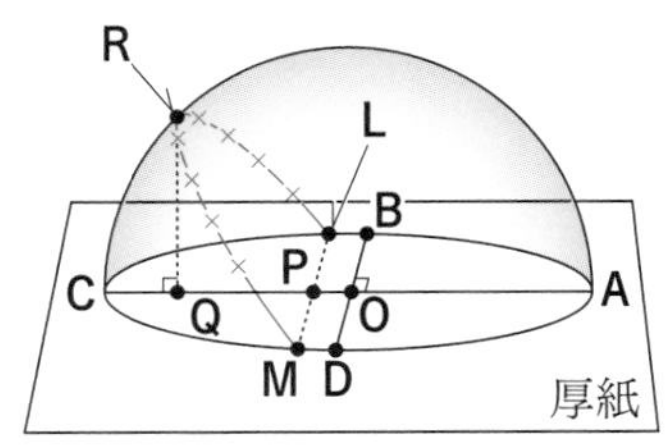

□(1) 図で，太陽の動きを記録するには，サインペンの先の影(かげ)がどの点に重なるようにするか，次の**ア〜エ**から1つ選び，記号で答えなさい。（　　）

ア A　**イ** C　**ウ** O　**エ** P

□(2) 図で，日の出の位置を示している点を，次の**ア〜エ**から1つ選び，記号で答えなさい。

ア B　**イ** D　**ウ** L　**エ** M　（　　）

重要 □(3) 図で，太陽の南中高度を表している角を，次の**ア〜エ**から1つ選び，記号で答えなさい。

ア ∠RAQ　**イ** ∠RCQ　**ウ** ∠ROQ　**エ** ∠RPQ　（　　）

□(4) 1時間ごとにつけた×印と×印の間の長さは，すべて同じであった。このことから，太陽は天球上を一定の速さで動いて見えることがわかる。太陽がこのように動いて見えるのはなぜですか。（　　）

2 ［星の動き］**図1**は，ある方角の空にカメラを向けて固定し，22時から1時間シャッターを開け続けて撮影(さつえい)した写真をもとに作成したものである。**次の問いに答えなさい。**

（7点×4）〔滋賀－改〕

図1

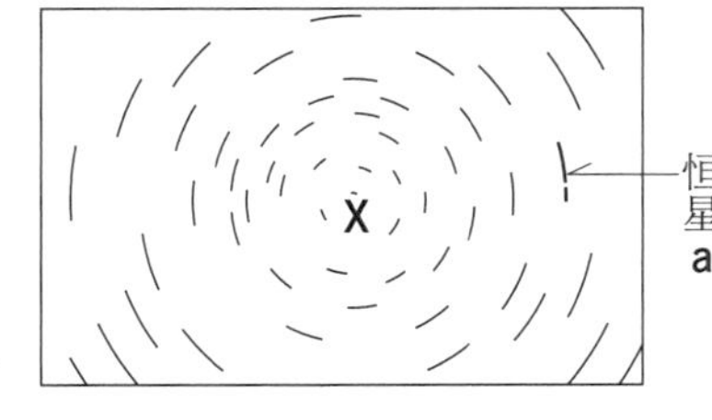

□(1) **図1**の**X**の星は何ですか。（　　）

重要 □(2) カメラを向けた方角を，次の**ア〜エ**から1つ選び，記号で答えなさい。（　　）

ア 東　**イ** 西　**ウ** 南　**エ** 北

□(3) **図1**の恒星(こうせい)**a**の動いたあとを拡大した**図2**は，恒星**a**が撮影中に一度だけ雲でかくれたことを示している。恒星**a**が雲でかくれ始めた時刻に最も近いものを，次の**ア〜ウ**から1つ選び，記号で答えなさい。（　　）

図2

ア 22時15分ごろ　**イ** 22時30分ごろ　**ウ** 22時45分ごろ

差がつく □(4) 恒星**a**が，1か月後に，**図1**の撮影開始時刻の22時の位置とほぼ同じ位置にくるのは何時ごろか，次の**ア〜オ**から1つ選び，記号で答えなさい。（　　）

ア 20時ごろ　**イ** 21時ごろ　**ウ** 22時ごろ　**エ** 23時ごろ　**オ** 24時ごろ

Check Points

1 (1)観測者が点Oにいるとして考える。

2 (3)図1の方角の星は，反時計まわりに1時間に15°動く。

入試攻略Points
(→別冊 p.14)

❶太陽の日周運動について，しっかりとまとめておこう。
❷星の日周運動について，各方角の星の動きを理解しておこう。
❸地球の公転と星座の位置関係について，しっかりとおさえておこう。

3［地球の公転と星座］右の図は，光源を太陽に，地球儀を地球に見たてて，太陽のまわりを公転する地球と黄道付近の主な星座を模式的に示したものである。**次の問いに答えなさい。**（7点×2）〔島根－改〕

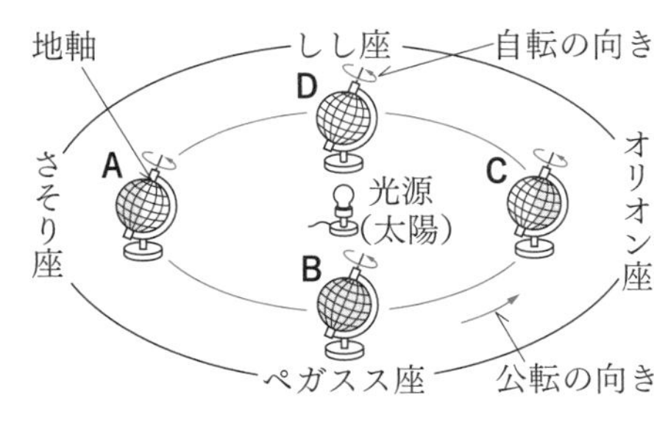

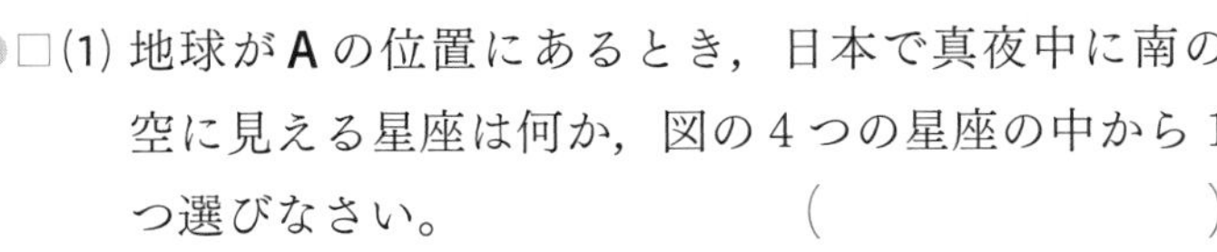

差がつく □(1) 地球がAの位置にあるとき，日本で真夜中に南の空に見える星座は何か，図の4つの星座の中から1つ選びなさい。（　　　　　）

□(2) 日本の季節が秋のとき，地球はどの位置にあるか，図のA～Dから1つ選び，記号で答えなさい。（　　）

4［太陽の動きの変化］**図1**は，日本のある場所における日の出と日の入りの時刻について，1年間の変化を示したグラフである。**図2**は，同じ場所における春分の日の天球上の太陽の動きと日の入りの位置を示したものである。**次の問いに答えなさい。**（8点×2）〔鹿児島〕

図1

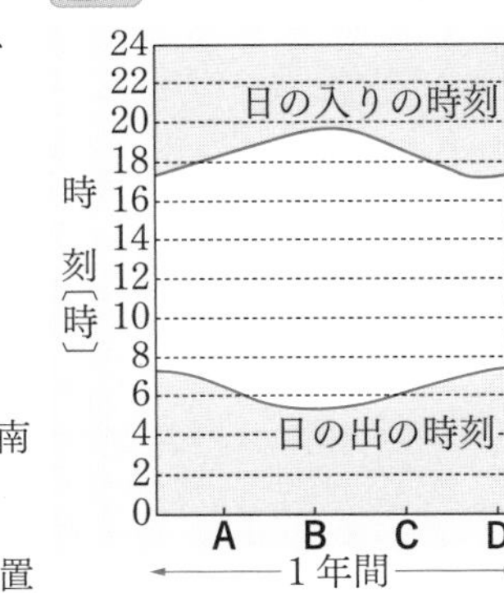

□(1) **図1**のA～Dのうち，冬至の日はどれか，記号で答えなさい。（　　）

差がつく □(2) 春分の日から1か月後の日の入りの位置を，**図2**にならって•印で**図2**に描き入れなさい。ただし，太陽の動きを描く必要はありません。

図2

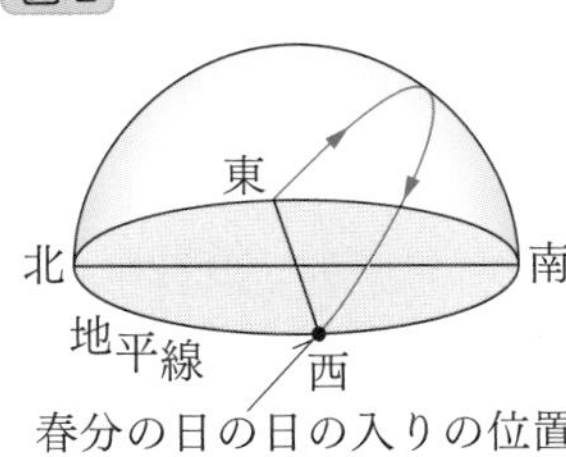

5［星の動き］日本のある場所でオリオン座を2時間おきに観察した。右の図のA～Eは，その位置を記録したものであり，午後10時にはCの位置にあった。**次の問いに答えなさい。**

（7点×2）〔青森－改〕

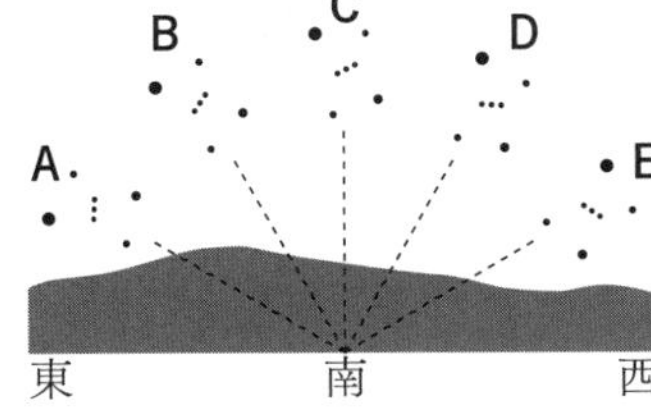

□(1) 観察した季節は春・夏・秋・冬のいつですか。（　　）

重要 □(2) 1か月後の午後8時に，オリオン座はどの位置に見えるか，図のA～Eから1つ選び，記号で答えなさい。（　　）

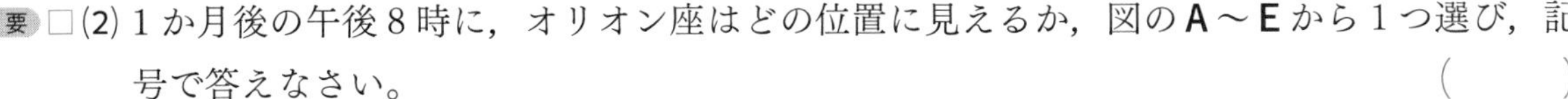

記述問題にチャレンジ

秋分の日，赤道付近では太陽はどのような動きをするか，**簡潔に書きなさい。**

［　　　　　　　　　　　　　　　　　　　　　］

Check Points

3 (1)太陽の方向にある星座は1日中見ることができない。
4 (1)太陽の出ている時間は夏は長く，冬は短い。

月　日

入試重要度 A B C

太陽系と宇宙

時間 40分　合格点 80点　得点　点

解答➡別冊 p.15

1 ［太陽の観察］太陽投影板(とうえいばん)をとりつけた天体望遠鏡を用い，太陽の表面に見える黒点を数日間続けて観察し，スケッチした。右の図は，観察1日目と4日目のスケッチである。**次の問いに答えなさい。**(7点×4)〔山形－改〕

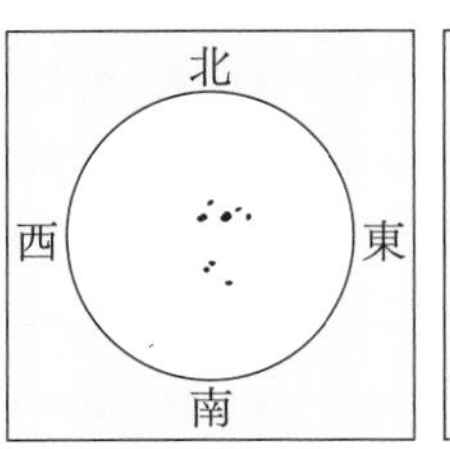

観察1日目

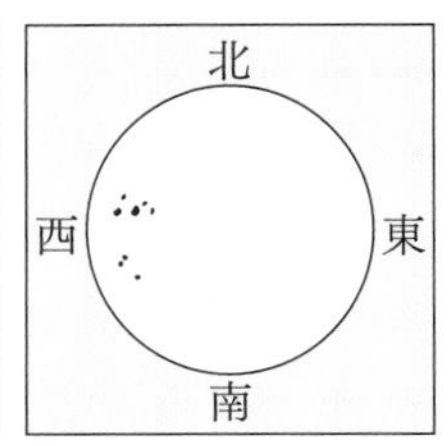

観察4日目

★重要 □(1) 観察1日目に中央部で円形に見えた黒点は，形をしだいにだ円形に変えながら，周辺部に移動していった。このことから考えられることを，次の**ア**～**エ**から2つ選び，記号で答えなさい。

ア 太陽の中心部は，表面に比べて高温であること。　（　　・　　）

イ 太陽が自転していること。

ウ 太陽から紫外線(しがいせん)が地上に届いていること。

エ 太陽が球形であること。

□(2) 天体望遠鏡で太陽を観察するとき，安全上行ってはいけないことを1つ書きなさい。

（　　　　　　　　　　）

□(3) 黒点が黒く見えるのはなぜですか。

（　　　　　　　　　　）

□(4) 皆既(かいき)日食のときなどに見られる，太陽の外側にあるガスの層のことを何といいますか。

（　　　　）

2 ［地球・太陽・月］**図Ⅰ**は，地球・太陽・月の位置関係を示した模式図で，**図2**は，日本のある場所で，南中した月をスケッチしたものである。**次の問いに答えなさい。**(8点×4)〔兵庫－改〕

図1

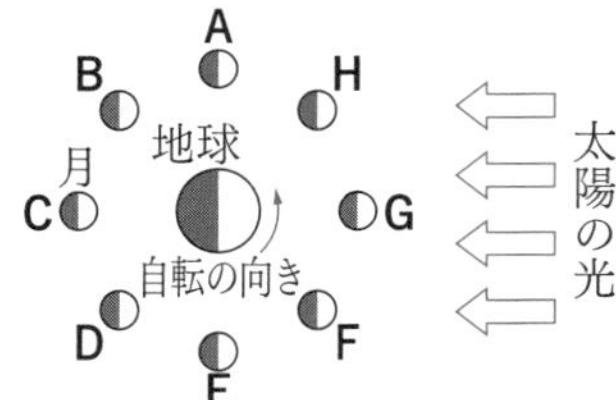

□(1) 日食が観測されるときの，月の位置はどれか，**図Ⅰ**の**A**～**H**から1つ選び，記号で答えなさい。　（　　）

□(2) 次の文の［　　］に入る適切な月の形の名称(めいしょう)を書きなさい。　（　　　）

月食が起こるのは満月のときであり，日食が起こるのは［　　］のときである。

図2

□(3) **図2**の形に見える月の位置として適切なものを，**図Ⅰ**の**A**～**H**から1つ選び，記号で答えなさい。　（　　）

差がつく □(4) 同じ場所で，**図2**の月が見えた日から4日後に，南中するときに見える月の形として考えられるものを，次の**ア**～**エ**から1つ選び，記号で答えなさい。　（　　）

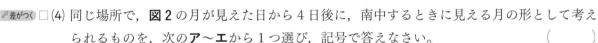

ア　**イ**　**ウ**　**エ**

✔ Check Points

1 (3)太陽の中心部の温度は約1600万℃，表面の温度は約6000℃である。

2 (2)太陽，地球，月の順で一直線上に並ぶと月食が起こる。

入試攻略Points
(→別冊 p.15)

❶太陽の特徴をしっかりと覚えよう。
❷月の見かけの形や見える方角，南中時刻などをしっかりと確認しておこう。
❸金星の見かけの形や見える方角，時間帯などをしっかりと確認しておこう。

3［金星の観察］11月初旬のある日，県内のある場所で，太陽と金星について観察をした。**図1**は，この日の日没直前の太陽と金星の位置を模式的に示したものである。また，**図2**は，この日の日没直後の金星を天体望遠鏡で見て，スケッチしたものである。**次の問いに答えなさい。**(8点×3)〔群馬－改〕

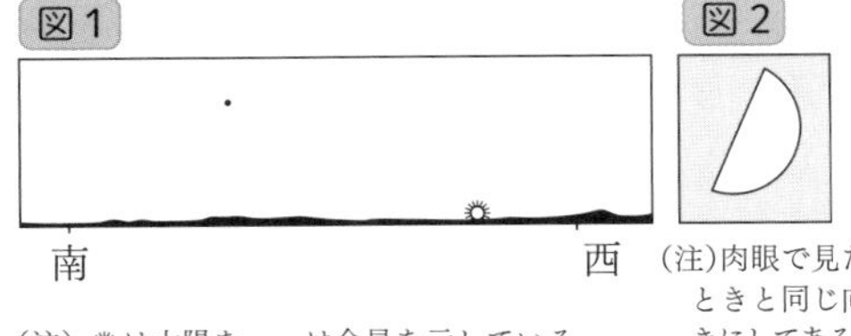

(注) ☼は太陽を，・は金星を示している。
(注)肉眼で見たときと同じ向きにしてある。

差がつく □(1) 右の**ア～エ**は，金星と地球の公転軌道上の位置関係について模式的に示したものである。この日の金星と地球の位置関係を表しているものを，**図1，2**を参考にして選び，記号で答えなさい。(　　)

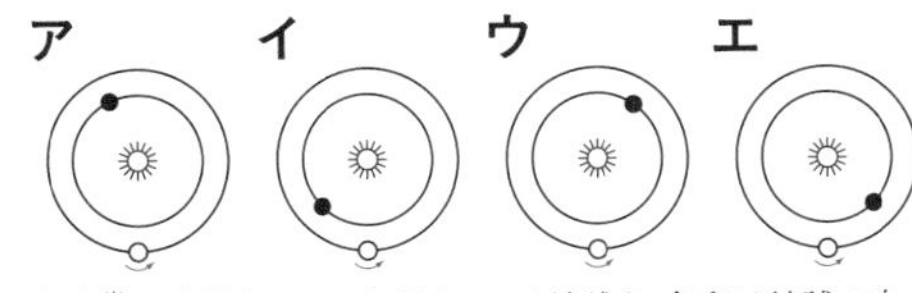

(注)☼は太陽を，●は金星を，○は地球を，矢印は地球の自転の向きを示している。

□(2) 金星の公転周期は，地球の公転周期を1年とすると0.62年である。右の**ア～ウ**のうち，この日から1か月後の12月初旬の日没直後に，天体望遠鏡で観察できる金星を選び，記号で答えなさい。(　　)

ア　イ　ウ

(注1) 望遠鏡の倍率をいつも同じにして金星を観察し，その形と大きさをスケッチした。
(注2) 肉眼で見たときと同じ向きにしてある。

□(3) 金星を真夜中に観察することができない理由を，金星と地球の位置関係に着目して，簡潔に書きなさい。(　　)

4［太陽系］右の表は，太陽系の惑星ついてまとめたものである。**次の問いに答えなさい。**(8点×2)〔和歌山－改〕

□(1) 表の**ア～カ**の6つの惑星のうち，木星はどれか，1つ選び，記号で答えなさい。(　　)

重要 □(2) 表の8つの惑星について，正しい内容はどれか，次の**ア～エ**から1つ選び，記号で答えなさい。(　　)

ア 質量が大きいほど，公転周期は長い。
イ 質量が大きいほど，平均密度は大きい。
ウ 太陽からの平均距離が長いほど，公転周期は長い。
エ 太陽からの平均距離が長いほど，赤道直径は大きい。

	太陽からの平均距離〔地球＝1〕	赤道直径〔地球＝1〕	質量〔地球＝1〕	平均密度〔物質1cm³あたりの質量(g)〕	公転周期〔年〕
ア	0.39	0.38	0.06	5.43	0.24
金星	0.72	0.95	0.82	5.24	0.62
地球	1.00	1.00	1.00	5.52	1.00
イ	1.52	0.53	0.11	3.93	1.88
ウ	5.20	11.21	317.83	1.33	11.86
エ	9.55	9.45	95.16	0.69	29.46
オ	19.22	4.01	14.54	1.27	84.02
カ	30.11	3.88	17.15	1.64	164.77

(「理科年表」などによる)

記述問題にチャレンジ

どのような惑星を地球型惑星というか，**簡潔に書きなさい。**

[　　　　　　　　]

✔ Check Points

3 (1)金星は，地球のすぐ内側を公転する内惑星である。
4 (1)太陽系の惑星は水星，金星，地球，火星，木星，土星，天王星，海王星の8つ。

入試重要度 A B C

自然と人間

時間 40分　合格点 80点　得点　　点

解答➡別冊 p.16

1 ［食物連鎖］右の図は，ある地域における植物を含む4種類の生物A，B，C，Dの数量の関係を模式的に示したものであり，生物Aが最も多く，生物B，生物C，生物Dの順に少なくなるが，それぞれの生物の数量はほぼ一定に保たれていた。また，生物Aは光合成を行い，有機物をつくり出している。生物A，B，C，Dは食物連鎖の関係にあり，ここでは生物Dは生物Cのみを，生物Cは生物Bのみを，生物Bは生物Aのみを食べるものとして，**次の問いに答えなさい。**（8点×3）

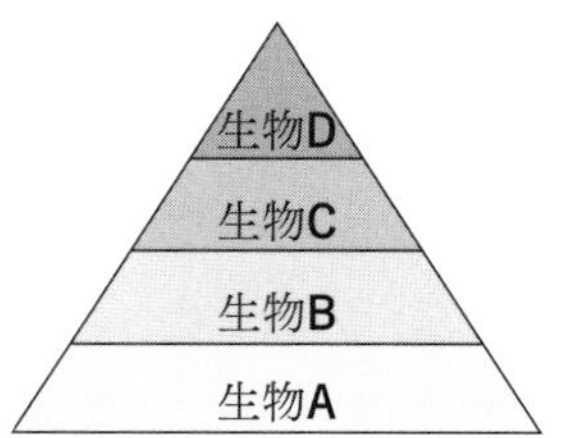

□(1) 生物Bはどのような生物であると考えられるか，次の**ア**～**エ**から選び，記号で答えなさい。

ア 草食動物　**イ** 肉食動物　**ウ** 菌類や細菌類　**エ** 植物　（　　）

□(2) 生物Dの数量が，これ以上ふえずに安定している理由を，次の**ア**～**ウ**から選び，記号で答えなさい。（　　）

ア 生物Dが分解者によって分解されるため。　**イ** 生物Dの寿命が短いため。

ウ 生物Cの数量が限られているため。

差がつく □(3) ある年，生物Cの数量が大幅に減少した。このことによって，ほかの生物の数量にどのような影響が出ると考えられるか，次の**ア**～**エ**から選び，記号で答えなさい。（　　）

ア 一時的に生物Bは増加し，生物Aも増加する。

イ 一時的に生物Bも減少し，生物Aは増加する。

ウ 一時的に生物Bも減少し，生物Dも減少する。

エ 一時的に生物Bは増加し，生物Dは減少する。

2 ［土の中の生物］ある山の雑木林の地面を10 cmほど掘った土の中では，積み重なった落ち葉は葉脈だけが残っていたり，葉の形が細かくくずれて腐葉土のようになっていたりしており，枯れ枝はもろくなっていた。また，一部がカビで白くなっていた。このようになっていたのは，ダンゴムシやミミズなどが食べたこととカビやキノコなどのはたらきによるものである。**次の問いに答えなさい。**（8点×2）〔宮城－改〕

重要 □(1) 生物どうしの食べる・食べられるという関係において，植物が生産者とよばれるのに対し，落ち葉を食べるダンゴムシやミミズ，そのダンゴムシやミミズを食べる動物はまとめて何とよばれていますか。（　　　）

□(2) 次の文が，カビやキノコのなかまについて正しく述べた文になるように，文中の□に適切な語句を入れなさい。（　　　）

カビやキノコなどのなかまは菌類といわれ，落ち葉や枯れ枝などの□を二酸化炭素や水，そのほかの無機物に分解し，そのときに得られるエネルギーを使って生活している。

✔ Check Points

1 (1)無機物から有機物をつくり出す生物を生産者という。

2 (1)土の中では，生物の死がいから始まる食物連鎖がある。

入試攻略Points
(→別冊 p.16)

❶食物連鎖における数量関係をしっかり理解しておこう。
❷土の中の生物のはたらきを確認しておこう。
❸炭素の循環について，しっかりとまとめて理解しておこう。

3 ［炭素の循環］右の図は，自然界における炭素の循環を矢印で示したものである。**次の問いに答えなさい。**〔富山－改〕

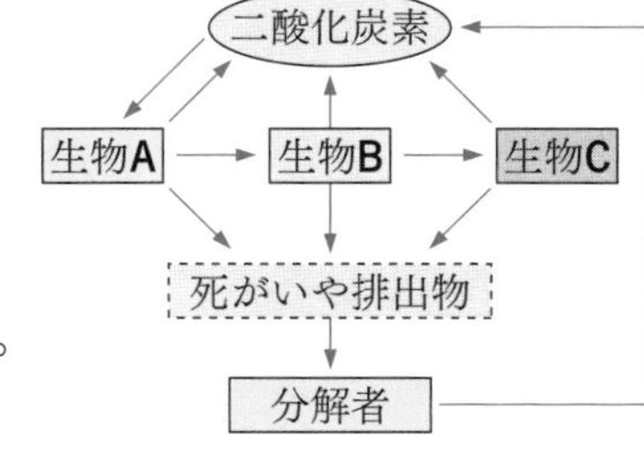

□(1) 生物A～Cが行っている，酸素をとり入れて二酸化炭素を放出するはたらきを何といいますか。(8点)（　　　）

□(2) 生物Aは生物Bに食べられ，生物Bは生物Cに食べられる。消費者にあたるものを，生物A～Cからすべて選び，記号で答えなさい。また，生物A～Cのうち，最も数量が多いものはどれか，1つ選び，記号で答えなさい。(8点×2)　消費者（　　　）　最も数量が多いもの（　　　）

重要 □(3) 次のア～エのうち，分解者にあたるものはどれか，1つ選び，記号で答えなさい。(8点)

ア ムカデ　**イ** カニムシ　**ウ** アオカビ　**エ** モグラ　（　　　）

□(4) 近年，生物Aの減少や化石燃料の大量消費により，二酸化炭素濃度が上昇している。このことは，地球の環境にどのような影響をあたえていると考えられますか。(10点)

（　　　）

4 ［自然と人間］エネルギー消費量の急激な増加にともなって，化石燃料が大量に消費されるようになった。その結果，大気中の二酸化炭素の増加や，将来の化石燃料の枯渇への対応が必要となってきている。このため，風力やバイオマス(生物資源)などのエネルギー資源の利用に向けた開発が進んでいる。**次の問いに答えなさい。**〔石川－改〕

□(1) 二酸化炭素を発生せず，枯渇のおそれが少ない自然のエネルギーを利用した発電方法のうち，太陽のエネルギーを利用した発電方法を何といいますか。(8点)（　　　）

差がつく □(2) 右の図は，植物体のバイオマスと化石燃料について，炭素を含む物質の流れを模式的に示したものである。植物体のバイオマスを利用した発電は，化石燃料を利用した場合と比べ，二酸化炭素の増加をおさえることができる。その理由を述べた下の文の［　　］にあてはまる内容を，植物のはたらきを示す語句を用いて書きなさい。(10点)

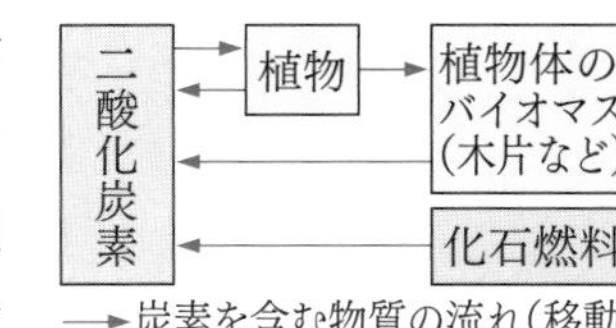

植物体のバイオマスを利用した発電によって発生した二酸化炭素は，植物が［　　］二酸化炭素だから。（　　　）

記述問題にチャレンジ

二酸化炭素が温室効果ガスとよばれるのはなぜか，**簡潔に書きなさい。**

［　　　］

Check Points

3 (1)炭素は二酸化炭素や有機物として自然界を循環している。
4 (1)風力やバイオマスなどを再生可能エネルギーという。

月　日

総仕上げテスト ①

時間 50分　合格点 80点　得点　点

解答⇨別冊 p.17

1 自然界で生活している生物には，植物のほか，ⓐ草食動物や肉食動物，それらの死がいや動物のふんを分解するⓑ微生物などがいる。**次の問いに答えなさい。**〔鹿児島－改〕

(1) ある種子植物の葉を，虫眼鏡や顕微鏡を使って観察した。

□① 虫眼鏡を使って，葉をはっきりと大きく見るためには，葉を**ア**～**エ**のどの位置に置くのがよいか，1つ選び，記号で答えなさい。(3点)　（　　）

虫眼鏡　焦点距離　焦点　**ア**　**イ**　**ウ**　**エ**

□② 次の文章の**A**，**B**にあてはまる語句を書きなさい。(3点×2)　**A**（　　）　**B**（　　）

この植物の葉の表皮を顕微鏡で観察すると，葉の［ A ］側には，ほかの細胞と形の違う対になった三日月形の細胞が多く見られた。この細胞で囲まれたすきまは［ B ］とよばれ，このすきまを通して物質の出入りが行われる。

□(2) 下線部ⓐにはシマウマなどが含まれる。シマウマの目のつき方は，肉食動物であるライオンと比べると，前向き，横向きのどちらですか。また，その目のつき方は，シマウマの生活にとってどのような点で役立っていますか。(4点×2)　向き（　　）

役立つ点（　　）

□(3) 目や耳，鼻，皮膚などのように，外界からの刺激を受けとる器官を何といいますか。(3点)

（　　）

□(4) 下線部ⓑのはたらきを調べるために，以下の手順1～3で実験を行った。

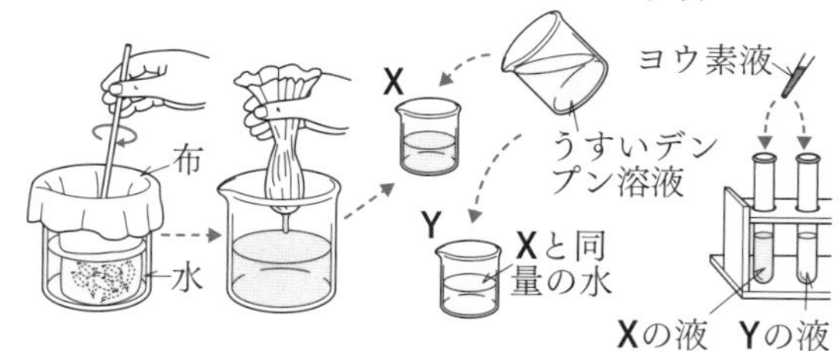

〔手順1〕　ビーカーの中で布を広げ，落ち葉や土を入れたあと，水を入れてよくかき回し，布でこす。

〔手順2〕　ビーカーを2つ準備し，手順1でこした水を入れたビーカーを**X**，それと同量の水のみを入れたビーカーを**Y**とする。その後，**X**と**Y**にうすいデンプン溶液を同量加え，ビーカーにふたをする。

〔手順3〕　2～3日後に**X**と**Y**の液をそれぞれ試験管にとり，ヨウ素液を加える。

Xと**Y**の液で，一方は色が青紫色に変化したが，もう一方は変化しなかった。色が変化しなかったのは**X**と**Y**のどちらの液か，記号で答えなさい。(3点)　（　　）

□(5) 物質の循環に関する次の文章の**A**，**B**にあてはまる最も適当な語句を書きなさい。(3点×2)

A（　　）　**B**（　　）

自然界で生活している生物は，食べる・食べられるといった［ A ］の関係でつながっている。また，生物のからだをつくる炭素などの物質は，［ A ］のほかに，生物の［ B ］，光合成，分解などのはたらきで生物と外界との間を循環する。

2 **図１**は，学校の近くで観察した露頭(ろとう)をスケッチしたものである。この露頭の砂岩の層には，アサリやハマグリの化石が多く含まれていた。**次の問いに答えなさい。**（4点×3）〔秋田－改〕

図１

アサリやハマグリの化石

Ⓟ Ⓠ Ⓡ

泥岩　砂岩　凝灰岩　れきを含んだ砂岩

□(1) Ⓟの層は，何が，どのような場所に堆積(たいせき)してできたか，次の**ア**～**エ**から１つ選び，記号で答えなさい。（　　）

ア　火成岩の風化した土砂(どしゃ)が海底に堆積してできた。

イ　火成岩の風化した土砂が陸地に堆積してできた。

ウ　火山の噴出(ふんしゅつ)物が海底に堆積してできた。

エ　火山の噴出物が陸地に堆積してできた。

□(2) Ⓠの層に含まれていた粒(つぶ)の形とⓅの層に含まれていた粒の形とを比較(ひかく)するとどのような違いがありますか。

（　　）

□(3) **図２**は，Ⓡの層に含まれていた火成岩のれきの２つをルーペで観察し，スケッチしたものである。岩石**X**には，岩石**Y**に見られない石基があった。岩石**X**に石基ができたのはなぜか，その理由を，岩石**X**と岩石**Y**のでき方を比較して書きなさい。

図２

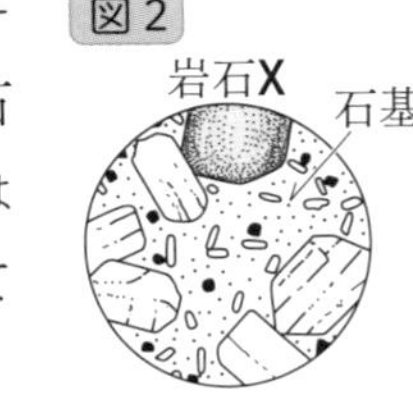

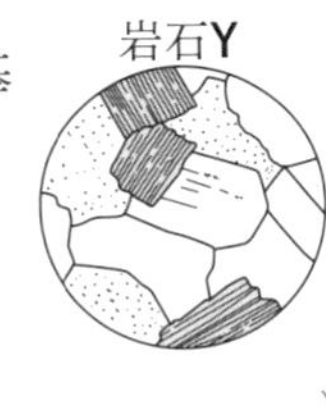

（　　）

3 自由研究を行ったときの記録について，**あとの問いに答えなさい。**〔長崎－改〕

〔記録〕　学校から少し離(はな)れた小さな池へ行き，メダカをつかまえて池の水と一緒(いっしょ)に透明(とうめい)なポリエチレンの袋(ふくろ)に入れた。よく見ると袋の底のほうで小さな生物が動いていた。学校へ持ち帰り，ⓐ顕微鏡でメダカの尾(お)を見ると，赤血球の動きから血液の流れが観察できた。また，袋の底のほうで動いている小さな生物がミジンコであることもわかった。ⓑ高倍率にすると，さらに小さな生物もはっきりと観察できた。

動脈　尾びれの先　ア　イ　ウ　エ　頭のほう　骨　静脈

□(1) 下線部ⓐについて，血液の流れはどのように見えるか，正しく示している矢印を，右の図の**ア**～**エ**からすべて選び，記号で答えなさい。（3点）（　　）

□(2) 赤血球中のヘモグロビンの性質について，次の①，②にあてはまる語句を書きなさい。（4点×2）①（　　）②（　　）

尾では，えらと比べて酸素が［①］く，このような所では，赤血球中のヘモグロビンは酸素を［②］。

□(3) 下線部ⓑの操作で，視野の明るさと見える範囲(はんい)はどのようになるか，簡潔に書きなさい。（4点）

（　　）

□(4) この池で生物どうしのつりあいが保たれているものとして，水中の小さな植物，水中の小さな動物，メダカのそれぞれの数を X，Y，Z で表すと，その間になりたつ関係式を，不等号を用いて書きなさい。（4点）（　　）

4 光合成のようすを調べるために，タンポポの葉を用いて次の実験を行った。**あとの問いに答えなさい。**〔岐阜－改〕

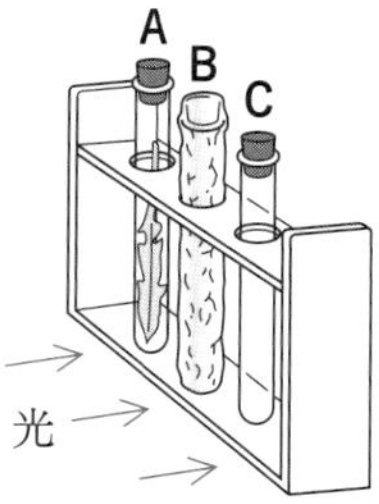

〔実験〕 3本の試験管**A**～**C**を用意し，試験管**A**と**B**にタンポポの葉を入れ，試験管**C**には何も入れなかった。次に，試験管**A**～**C**それぞれにストローで息を吹きこみ，すぐにゴム栓でふたをした。試験管**B**にはアルミニウムはくを巻いて，中に光があたらないようにした。右の図のように，3本の試験管を光があたる場所に30分間置いたあと，それぞれの試験管に石灰水を少し入れ，再びゴム栓でふたをし，よく振ったところ，試験管**A**の石灰水は変化が見られなかったが，試験管**B**と**C**の石灰水は白く濁った。

A B C 光

□(1) 石灰水を白く濁らせる性質がある気体は何ですか。(3点) (　　　　　)

□(2)「光があたっても，タンポポの葉がないと二酸化炭素は減少しない」ことを確かめるには，どの試験管とどの試験管の実験を比較すればよいですか。(3点) (　　と　　)

□(3)「タンポポの葉があっても，光があたらないと二酸化炭素は減少しない」ことを確かめるには，どの試験管とどの試験管の実験を比較すればよいですか。(3点) (　　と　　)

□(4) 次の文章の①，②にあてはまる語句をそれぞれ書きなさい。(3点×2)

①(　　　　　)　②(　　　　　)

植物の根から吸収された水などは，[①]を通って茎や葉に運ばれている。一方，光合成によってつくられたデンプンなどは，水に溶けやすい物質に変化してから[②]を通って植物のからだ全体に運ばれている。

5 宿泊学習で天気や岩石について，学習・観察をした。**次の問いに答えなさい。**〔山形－改〕

□(1) **図1**は，宿泊学習1日目の午前9時の天気図である。**図1**の**X**地点での天気・風向・風力は**図2**のようであった。天気・風向・風力をそれぞれ書きなさい。(3点×3)

天気(　　　　　)　風向(　　　　　)

風力(　　　　　)

図2

北 西 東 南

図1

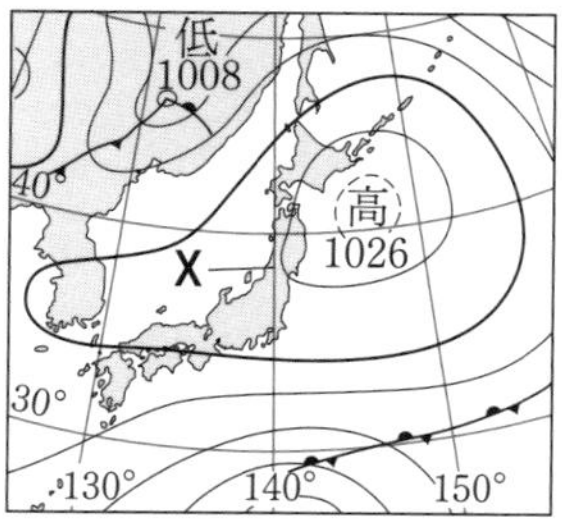

低 1008 40° 高 1026 X 30° 130° 140° 150°

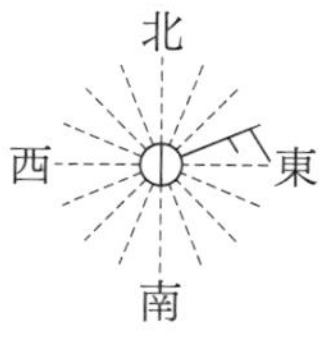

□(2) 高気圧の中心付近では晴れることが多い，という理由を説明した次の文章の[　　]にあてはまる語句を書きなさい。(4点) (　　　　　)

高気圧の中心付近では，地上で風がまわりに吹き出すため，[　　]ができる。このため，雲ができにくく，晴れることが多い。

□(3) **図1**で，(前線記号)で表されている前線の名称を書きなさい。(4点) (　　　　　)

□(4) 火成岩に含まれる鉱物は，無色鉱物と有色鉱物に区分されるが，次の**ア**～**エ**から，有色鉱物どうしの組み合わせになっているものを1つ選び，記号で答えなさい。(4点) (　　)

ア 輝石と角閃石　**イ** 輝石と石英　**ウ** 長石と角閃石　**エ** 長石と石英

□(5) 安山岩のでき方について，マグマがどのような場所で，どのように冷えてできたのか，簡潔に書きなさい。(4点)

(　　　　　　　　　　　　　　　　　　　　　　　)

総仕上げテスト ②

時間 50分
合格点 80点
解答⇨別冊 p.18
得点　点

1 身近な生物の観察レポートを作成した。右は，観察した生物の一部を示している。**次の問いに答えなさい。**〔岡山－改〕

ゼニゴケ	ミミズ	カビ
モグラ	ウサギ	バッタ
シイタケ	エンドウ	イカ

□(1) ゼニゴケについて述べた次の文の①，②にあてはまる適当な語句を書きなさい。(4点×2)　①(　　)　②(　　)

ゼニゴケはコケ植物であり，［①］植物と比較（ひかく）すると，種子をつくらない点は同じだが，維管束（いかんそく）がなく［②］の区別がない点で異なっている。

□(2) バッタとイカのからだのつくりについて述べた次の文章について，内容が適当でないものを下線部ⓐ～ⓔから１つ選び，記号で答えなさい。また，その下線部が正しい説明になるように書き直しなさい。(4点×2)　記号(　　)　正しい説明(　　)

バッタとイカはともにⓐ背骨をもたない無脊椎（せきつい）動物である。その中でもバッタは外骨格をもつⓑ節足動物であり，筋肉は外骨格のⓒ内側についている。イカは外とう膜（まく）をもつⓓ軟体（なんたい）動物であり，筋肉でできた外とう膜がⓔ全身をおおっている。

□(3) 観察した生物を生産者(植物)，消費者(草食動物)，消費者(肉食動物)，分解者に分けたとき，分解者に分類される生物をすべて書きなさい。(4点)　(　　)

2 遺伝の規則性を調べるために，エンドウを用いて，次の実験１，２を順に行った。**あとの問いに答えなさい。**(5点×3)〔栃木－改〕

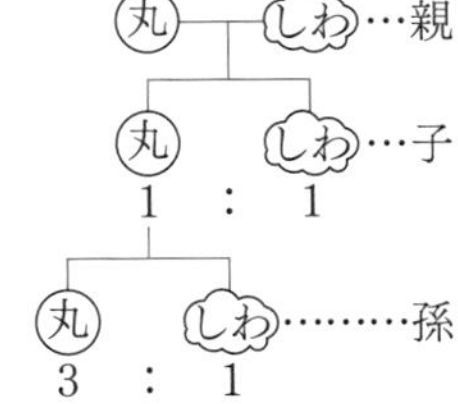

〔実験１〕 丸い種子としわのある種子をそれぞれ育て，かけあわせたところ，子には，丸い種子としわのある種子が１：１の割合でできた。

〔実験２〕 実験１で得られた，丸い種子をすべて育て，開花後にそれぞれの個体において自家受粉させたところ，孫には，丸い種子としわのある種子が３：１の割合でできた。

□(1) エンドウの種子の形の「丸」と「しわ」のように，どちらか一方しか現れない形質どうしのことを何といいますか。　(　　)

□(2) 種子を丸くする遺伝子を**A**，種子をしわにする遺伝子を**a**としたとき，子の丸い種子が成長してつくる生殖細胞（せいしょくさいぼう）について述べた文として最も適切なものを，次の**ア**～**エ**から１つ選び，記号で答えなさい。　(　　)

ア すべての生殖細胞が**A**をもつ。　**イ** すべての生殖細胞が**a**をもつ。
ウ **A**をもつ生殖細胞と，**a**をもつ生殖細胞の数の割合が１：１である。
エ **A**をもつ生殖細胞と，**a**をもつ生殖細胞の数の割合が３：１である。

□(3) 実験２で得られた孫のうち，丸い種子だけをすべて育て，開花後にそれぞれの個体において自家受粉させたとする。このときできる，丸い種子としわのある種子の数の割合を，最も簡単な整数比で書きなさい。　(　　)

3 次の文章は，ある地震の観測についてまとめたものである。**あとの問いに答えなさい。**（4点×3）〔福島－改〕

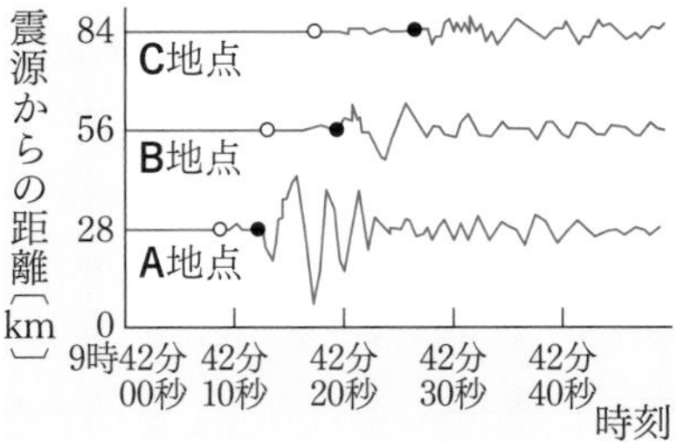

ある場所で発生した地震を，標高が同じ**A**，**B**，**C**地点で観測した。右の図は，**A**～**C**地点の地震計が記録した波形を，震源からの距離を縦軸にとって並べたもので，横軸は地震発生前後の時刻を表している。3地点それぞれの波形に，初期微動が始まった時刻を○で，主要動が始まった時刻を●で示し，それらを表にまとめた。

震源からの距離〔km〕 84 C地点 56 B地点 28 A地点 0
9時42分00秒 42分10秒 42分20秒 42分30秒 42分40秒 時刻

観測地点	初期微動が始まった時刻	主要動が始まった時刻
A	9時42分09秒	9時42分12秒
B	9時42分13秒	9時42分19秒
C	9時42分17秒	9時42分26秒

□(1) 地震の発生がきっかけとなって起こる現象としてあてはまらないものを，次の**ア**～**オ**から1つ選び，記号で答えなさい。（　　）

ア 地盤の隆起　**イ** 高潮　**ウ** がけくずれ　**エ** 液状化現象　**オ** 津波

□(2) 図や表からわかることをまとめた次の文の［　　］にあてはまる言葉として，最も適切なものを，あとの**ア**～**エ**から1つ選び，記号で答えなさい。（　　）

震源から観測点までの距離が大きくなると，その観測点における［　　　］なる。

ア 地震計の記録の振れ幅の最大値は大きく　**イ** マグニチュードは大きく
ウ 初期微動継続時間は長く　**エ** 主要動が始まる時刻ははやく

□(3) この地震が発生した時刻として最も適切なものを，次の**ア**～**カ**から1つ選び，記号で答えなさい。ただし，地震の波が伝わる速さは一定であるとします。（　　）

ア 9時42分04秒　**イ** 9時42分05秒　**ウ** 9時42分06秒
エ 9時42分07秒　**オ** 9時42分08秒　**カ** 9時42分09秒

4 **図1**は，ヒトの血液の循環のようすを模式的に表したものである。**次の問いに答えなさい。**〔愛媛〕

図1

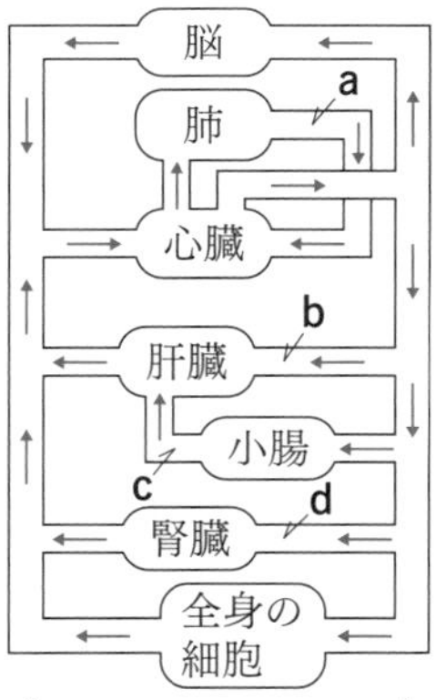

脳　肺　a　心臓　b　肝臓　小腸　c　d　腎臓　全身の細胞

（→は血管中の血液が流れる向きを示す。）

□(1) **図1**の**a**～**d**のうち，栄養分を含む割合が最も高い血液が流れる部分として，最も適当なものを1つ選び，記号で答えなさい。（4点）（　　）

□(2) **図2**は，肺の一部を模式的に表したものである。気管支の先端にたくさんある小さな袋を何といいますか。（4点）（　　　）

図2

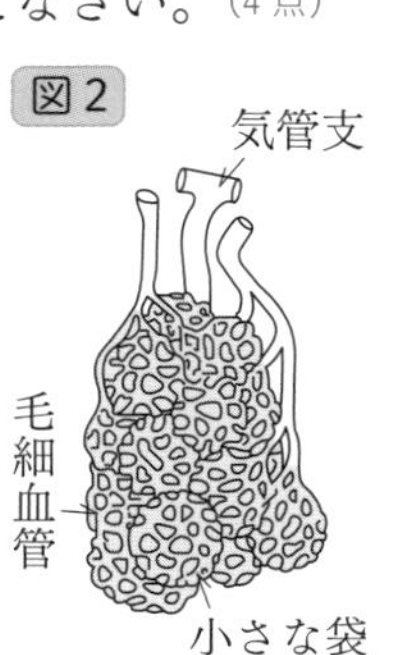

□(3) 次の文の①，②の(　)の中から，それぞれ適当なものを1つずつ選び，記号で答えなさい。（4点×2）
①（　　）②（　　）

細胞の生命活動によってできた有害なアンモニアは，①(**ア** 腎臓　**イ** 肝臓)で無害な②(**ア** グリコーゲン　**イ** 尿素)に変えられる。

□(4) ある人の心臓は1分間に75回拍動し，1回の拍動で右心室と左心室からそれぞれ80 cm^3ずつ血液が送り出される。このとき，体循環において，全身の血液量にあたる5000 cm^3の血液が，心臓から送り出されるのにかかる時間は何秒ですか。（5点）（　　）

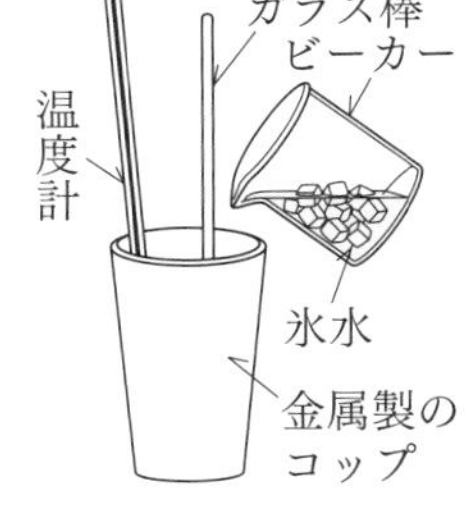

5 実験室の湿度を調べるために，次の実験を行った。下の表は，気温ごとの飽和水蒸気量を示している。また，コップの水温とコップに接している空気の温度は等しいものとし，実験室内の湿度は均一で，実験室内の空気の体積は 200 m³ とする。**あとの問いに答えなさい。**（4点×3）〔新潟〕

〔実験〕 気温 20 ℃の実験室で，金属製のコップに水を 3 分の 1 くらい入れ，水温を測定したところ，実験室の気温と同じであった。右の図のように，ビーカーに入れた 0 ℃の氷水を金属製のコップに少し加え，ガラス棒でかき混ぜて水温を下げる操作を行った。この操作をくり返し，コップの表面に水滴がかすかにつき始めたとき，水温を測定したところ，4 ℃であった。

気温〔℃〕	0	2	4	6	8	10	12	14	16	18	20	22	24
飽和水蒸気量〔g/m³〕	4.8	5.6	6.4	7.3	8.3	9.4	10.7	12.1	13.6	15.4	17.3	19.4	21.8

□(1) コップの表面に水滴がかすかにつき始めたときの温度を何といいますか。（　　　）

□(2) この実験室の湿度は何％か，小数第 1 位を四捨五入して求めなさい。（　　　）

□(3) この実験室で，水を水蒸気に変えて放出する加湿器を運転したところ，室温は 20 ℃のままで，湿度が 60 ％になった。このとき，加湿器から実験室内の空気 200 m³ 中に放出された水蒸気量はおよそ何 g か，次の**ア**〜**オ**から 1 つ選び，記号で答えなさい。（　　　）

ア 400 g　**イ** 800 g　**ウ** 1040 g　**エ** 1600 g　**オ** 2080 g

6 太陽の動きに関する，次の観測を行った。**あとの問いに答えなさい。**〔石川－改〕

〔観測〕 石川県内の地点 **X** で，よく晴れた春分の日に，9 時から 15 時まで 2 時間ごとに太陽の位置を観測した。**図 1** のように，観測した太陽の位置を透明半球の球面に記録し，その点をなめらかな曲線で結んだ。なお，点 **O** は観測者の位置であり，点 **A** 〜 **D** は点 **O** から見た東西南北のいずれかの方位を示している。また，表は，地点 **X** の経度と緯度を示したものである。

図1

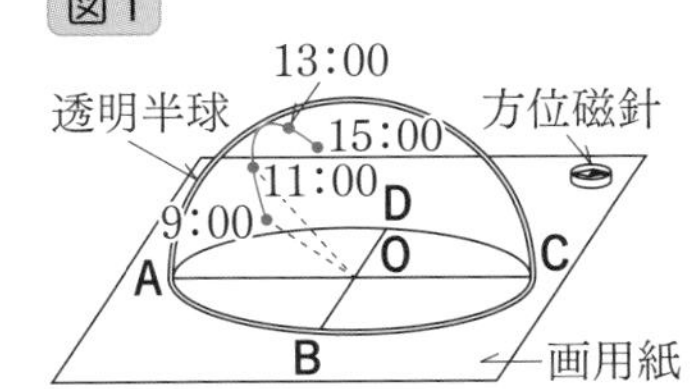

経度	緯度
東経 136.7 度	北緯 36.6 度

□(1) 9 時に記録した点を **P**，11 時に記録した点を **Q** とする。∠ **POQ** は何度か，次の**ア**〜**エ**から最も適切なものを 1 つ選び，記号で答えなさい。（4点）（　　　）

ア 15°　**イ** 20°　**ウ** 25°　**エ** 30°

□(2) 地点 **X** での，春分の日の太陽の南中高度は何度ですか。ただし，地点 **X** の標高を 0 m とします。（4点）（　　　）

□(3) **図 2** は，太陽の光があたっている地域とあたっていない地域を表した図である。このように表されるのは地点 **X** ではいつごろか，次の**ア**〜**エ**から最も適切なものを 1 つ選び，記号で答えなさい。また，そう判断した理由を，「自転」，「地軸」という 2 つの語句を用いて書きなさい。（6点×2）　記号（　　　）

理由（　　　　　　　　）

図2

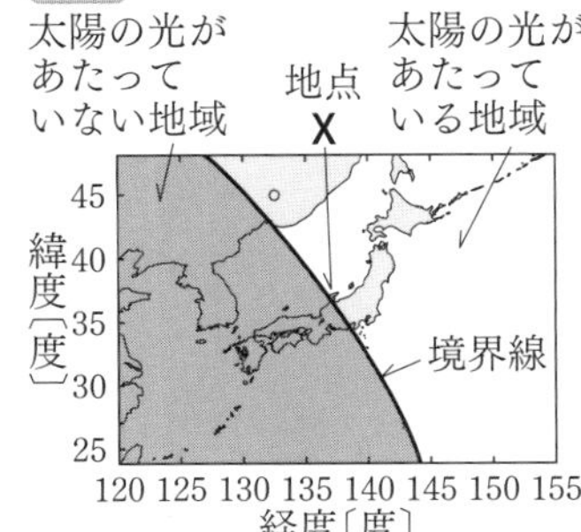

ア 夏至の日の朝方　**イ** 夏至の日の夕方　**ウ** 冬至の日の朝方　**エ** 冬至の日の夕方

試験における実戦的な攻略ポイント５つ

① 問題文をよく読もう！

問題文をよく読み，意味の取り違えや読み間違いがないように注意しよう。
選択肢問題や計算問題，記述式問題など，解答の仕方もあわせて確認しよう。

② 解ける問題を確実に得点に結びつけよう！

解ける問題は必ずある。試験が始まったらまず問題全体に目を通し，自分の解けそうな問題から手をつけるようにしよう。
くれぐれも簡単な問題をやり残ししないように。

③ 答えは丁寧な字ではっきり書こう！

答えは，誰が読んでもわかる字で，はっきりと丁寧に書こう。
せっかく解けた問題が誤りと判定されることのないように注意しよう。

④ 時間配分に注意しよう！

手が止まってしまった場合，あらかじめどのくらい時間をかけるべきかを決めておこう。解けない問題にこだわりすぎて時間が足りなくなってしまわないように。

⑤ 答案は必ず見直そう！

できたと思った問題でも，誤字脱字，計算間違いなどをしているかもしれない。ケアレスミスで失点しないためにも，必ず見直しをしよう。

受験日の前日と当日の心がまえ

前日

- 前日まで根を詰めて勉強することは避け，暗記したものを確認する程度にとどめておこう。
- 夕食の前には，試験に必要なものをカバンに入れ，準備を終わらせておこう。
  また，試験会場への行き方なども，前日のうちに確認しておこう。
- 夜は早めに寝るようにし，十分な睡眠をとるようにしよう。もし翌日の試験のことで緊張して眠れなくても，遅くまでスマートフォンなどを見ず，目を閉じて心身を休めることに努めよう。

当日

- 朝食はいつも通りにとり，食べ過ぎないように注意しよう。
- 再度持ち物を確認し，時間にゆとりをもって試験会場へ向かおう。
- 試験会場に着いたら早めに教室に行き，自分の席を確認しよう。また，トイレの場所も確認しておこう。
- 試験開始が近づき緊張してきたときなどは，目を閉じ，ゆっくり深呼吸しよう。

高校入試対策
生命と地球 最重点 暗記カード

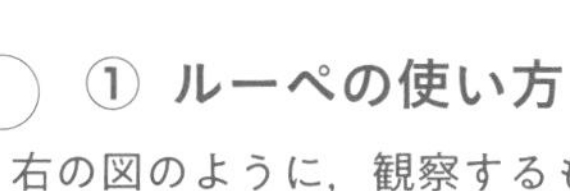

① ルーペの使い方

空所にあてはまる語句を答えなさい。

右の図のように，観察するものが動かせるときは，観察するものを［　　　］に動かす。

チェック欄 □ 近づく

② 花のつくり

空所にあてはまる語句を答えなさい。

おしべ
めしべ
花弁
がく
胚珠
［　　　］

□ 受　粉

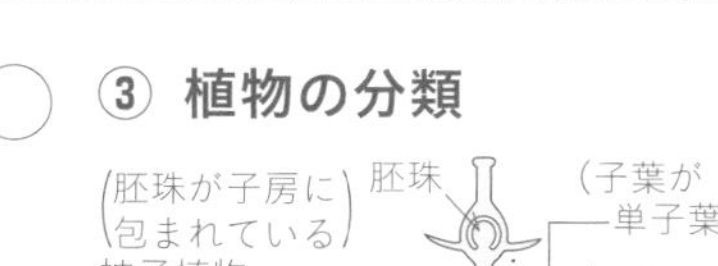

③ 植物の分類

空所にあてはまる語句を答えなさい。

種子植物
- 被子植物（胚珠が子房に包まれている）
  - 単子葉類（子葉が1枚）
  - 双子葉類（子葉が2枚）
    - 合弁花類
    - 離弁花類
- ［　　　］植物（胚珠がむき出し）（子房がない）

□ 単子葉類

④ 種子をつくらない植物

空所にあてはまる語句を答えなさい。

シダ植物やコケ植物は，種子ではなく，［　　　］をつくってなかまをふやす。

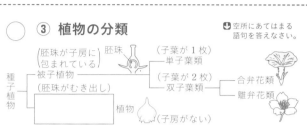

□ 胞子のう

⑤ 双眼実体顕微鏡の使い方

空所にあてはまる語句を答えなさい。

粗動ねじをゆるめて鏡筒を上下させて，両目でおよそのピントを合わせてから，［　　　］ねじを回してピントを合わせる。

□ な　い

⑥ 動物の分類

空所にあてはまる語句を答えなさい。

	動物名	体表	呼吸器官	子の生まれ方
ほ乳類	サル・イヌ	毛	肺	［　　　］
鳥類	ニワトリ・ハト	羽毛	肺	卵生
は虫類	ヘビ・トカゲ・カメ・ヤモリ	うろこ　こうら	肺	卵生
両生類	カエル・イモリ・サンショウウオ	湿った皮膚	(親)肺と皮膚 (子)えらと皮膚	卵生
魚類	フナ・コイ	うろこ	えら	卵生

□ 脊椎動物

⑦ 火山の噴火

空所にあてはまる語句を答えなさい。

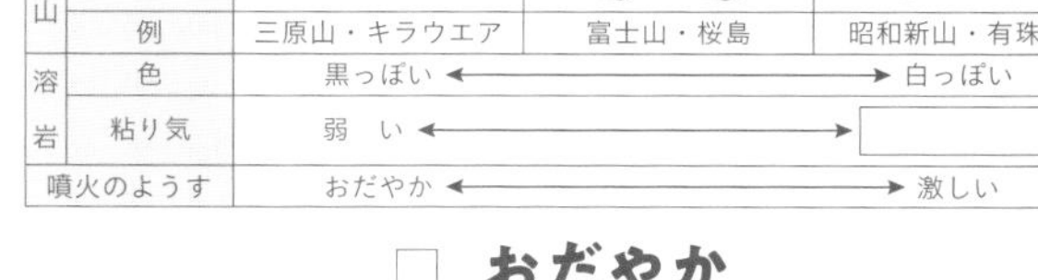

火山	形			
	例	三原山・キラウエア	富士山・桜島	昭和新山・有珠山
溶岩	色	黒っぽい ←→		白っぽい
	粘り気	弱い ←→		［　　　］
噴火のようす		おだやか ←→		激しい

□ おだやか

⑧ 火山岩と深成岩

空所にあてはまる語句を答えなさい。

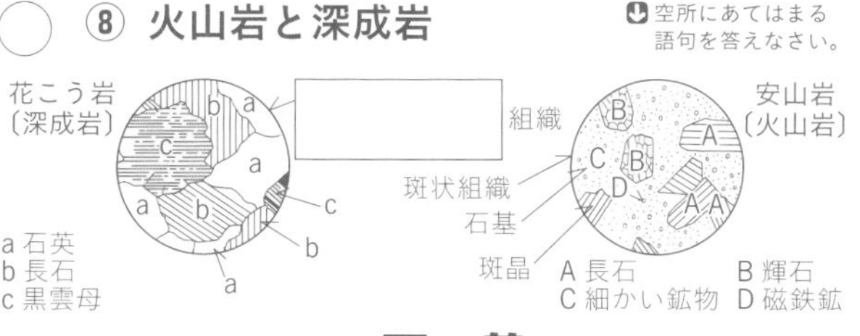

□ 石　基

⑨ 地震と大地の変化

空所にあてはまる語句を答えなさい。

地震が発生した場所の真上の地表の地点 → 震央

地震が発生した場所 → ［　　　］

地震波の伝わり

□ 震　央

⑩ 地震のゆれ

空所にあてはまる語句を答えなさい。

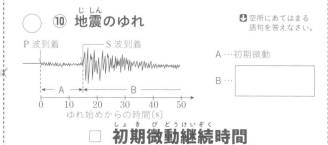

P波到着　S波到着

A　B

0　10　20　30　40　50

ゆれ始めからの時間〔s〕

A…初期微動

B…［　　　］

□ 初期微動継続時間

⑪ プレートの動き

空所にあてはまる語句を答えなさい。

日本海　日本列島　太平洋

［　　　］

大陸プレート

海洋プレート

××地震が発生しやすい所

大地震が発生しやすい所

直下型地震の震源

海洋プレートが大陸プレートの下に沈みこむ

□ 活断層

（切り取り線）

暗記カードの使い方

★ 理解しておきたい最重要事項を選びました。表面の□にあてはまる答えは裏面に，裏面の問題の答えは表面にあります。学習を進めて，確実に理解しよう。

★ ……線にそって切り離し，パンチでとじ穴をあけて，カードにしよう。リングに通しておくと便利です。

★ 理解したら，□にチェックしよう。

❶ ルーペの使い方

観察するものが動かせないときは，観察するものに対して，どのようにすれば観察できますか。

□ **前後**

注意

ルーペは5～10倍の大きさで生物などを観察できる。ルーペで直接太陽を見ないこと。

❷ 花のつくり

おしべのやくでつくられた花粉が，めしべの柱頭につくことを何といいますか。

□ **子房**

参考

マツの花のように，子房がなく，胚珠がむき出しになっている植物を裸子植物という。

❸ 植物の分類

被子植物のうちで，発芽のときの子葉が1枚のなかまを何といいますか。

□ **裸子**

参考

双子葉類は，花弁の形状によって，さらに合弁花類と離弁花類に分類される。

❹ 種子をつくらない植物

シダ植物やコケ植物は胞子をつくってなかまをふやすが，胞子の入った袋を何といいますか。

□ **胞子**

参考

シダ植物には根・茎・葉の区別があるが，コケ植物には根・茎・葉の区別がない。

❺ 双眼実体顕微鏡の使い方

双眼実体顕微鏡で観察するとき，顕微鏡で観察するときのように，プレパラートをつくる必要はありますか。

□ **微動**

参考

双眼実体顕微鏡は，プレパラートをつくる必要はなく，ものを立体的に観察するのに適している。

❻ 動物の分類

魚類・両生類・は虫類・鳥類・ほ乳類に分類される，背骨のある動物を何といいますか。

□ **胎生**

参考

トンボ，カニ，エビなどの背骨のない動物を無脊椎動物といい，節足動物，軟体動物などに分類される。

❼ 火山の噴火

平らな形をした火山の噴火のようすは，おだやかですか，激しいですか。

□ **強い**

参考

粘り気の強い溶岩の色は白っぽく，粘り気の弱い溶岩の色は黒っぽい。噴火のようすも溶岩の粘り気によって異なる。

❽ 火山岩と深成岩

安山岩のような火山岩では大きな結晶になれなかった細かい部分が見られる。その部分を何といいますか。

□ **等粒状**

参考

深成岩は大きな結晶だけからなる等粒状組織，火山岩は石基と斑晶からなる斑状組織である。

❾ 地震と大地の変化

地震が発生した場所の真上の地表の地点を何といいますか。

□ **震源**

参考

地震が発生すると同時に，P波とS波の2つの波が発生し，周囲に伝わっていく。伝わる速さがはやいP波のほうが，先に到着する。

❿ 地震のゆれ

初期微動が始まってから，主要動が始まるまでの時間を何といいますか。

□ **主要動**

参考

初期微動継続時間が長いほど，震源から離れている。

⓫ プレートの動き

過去にくり返し活動した記録などがあり，今後も活動して地震を起こす可能性がある断層を何といいますか。

□ **海溝**

参考

日本付近では，海洋プレートが大陸プレートの下に沈みこんでいる。プレートの境目では地震が多発する。

（切り取り線）

⑬ 堆積岩の分類

堆積物を粒の大きさによって分類したとき，粒の大きさが 2 mm 以上の堆積物を何といいますか。

□ **泥　岩**

参考　堆積岩には，れき岩，砂岩，泥岩のほかに，生物の遺がいなどが堆積してできた石灰岩，チャート，火山の噴出物が堆積してできた凝灰岩がある。

⑮ 細胞のつくり

植物の細胞にだけあり，光合成を行う部分を何といいますか。

□ **核**

参考　核は，ふつう１つの細胞に１個ずつ存在し，酢酸カーミンなどの染色液によく染まる。

⑰ 根と茎のつくりとはたらき

光合成によって葉でつくられた栄養分の通り道を何といいますか。

□ **道　管**

参考　茎の断面を観察すると，双子葉類の維管束は輪状に並び，単子葉類の維管束はばらばらに散らばっている。

（切り取り線）

⑲ 消化と吸収

脂肪は，脂肪酸とモノグリセリドに分解され，柔毛内に吸収され，再び脂肪となってからどこに入りますか。

□ **アミノ酸**

参考　小腸は，柔毛が無数にあることで，表面積を大きくして，栄養分を効率よく吸収できるつくりになっている。

㉑ 呼吸と血液の循環

心臓から肺以外の全身を通って，心臓へもどる血液の流れを何といいますか。

□ **肺静脈**

注意　心臓から肺を通って，心臓へもどる血液の流れを肺循環という。肺静脈を流れる血液には酸素が多く含まれているので，肺静脈を流れる血液は，動脈血である。

㉓ 動物の感覚と神経

外から目に入ってくる光の量を調節する部分を，何といいますか。

□ **網　膜**

参考　目は光の刺激を，鼻はにおいの刺激を，耳は音の刺激を，皮膚は温度や圧力の刺激を，舌は味の刺激を感じる感覚器官である。

⑫ 地層の観察

広い範囲に分布し，離れた地層でも同じ時期に堆積したと推定できる特徴的な層を特に何といいますか。

□ **柱状図**

参考　凝灰岩の層は広い範囲にわたって堆積するので，地層の堆積した年代を比較したり特定したりすることができる。

⑭ 化　石

地層が堆積した時代を知る手がかりになる化石を何といいますか。

□ **示相化石**

参考　マンモスの化石は新生代を示す示準化石であり，寒い地域であったことも示す示相化石でもある。

⑯ 光合成

光合成が行われる場所は，葉の細胞の中の何という部分ですか。

□ **酸　素**

注意　植物は，昼間は光合成のはたらきにより酸素を放出しているが，同時に呼吸も行い酸素を吸収している。

⑱ 葉のつくりとはたらき

葉の気孔から水が水蒸気となって出ていく現象を何といいますか。

□ **気　孔**

参考　蒸散は，葉の表側よりも裏側のほうで盛んに行われていて，蒸散により，水は根から茎・葉へと運ばれる。

⑳ 血液と細胞のつながり

ヒトの血液成分のうち，栄養分や不要な物質を運ぶものは何ですか。

□ **白血球**

参考　赤血球は，その中に含まれる赤い色素であるヘモグロビンが酸素と結合し，からだの各部の組織・細胞へ酸素を運ぶはたらきをする。

㉒ 不要な物質の排出

腎臓でとり除かれ，こし出された尿素などの不要な物質は，どういう形で体外に排出されますか。

□ **肝　臓**

参考　血液中の不要な物質は，皮膚からも汗として体外に排出されている。

⑫ 地層の観察

空所にあてはまる語句を答えなさい。

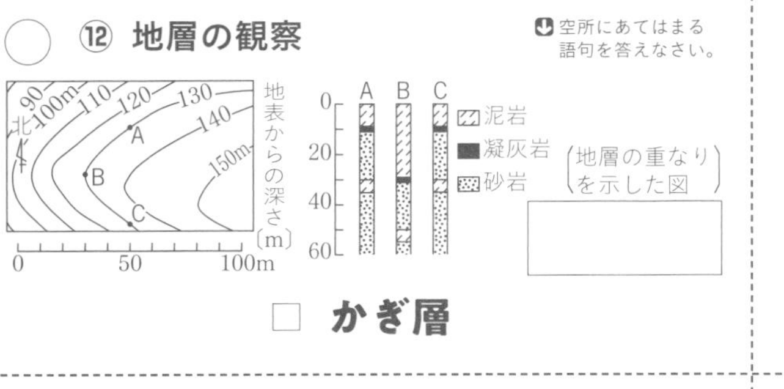

□ かぎ層

⑬ 堆積岩(たいせきがん)の分類

空所にあてはまる語句を答えなさい。

粒の大きさによる分類

堆積物	粒の大きさ	堆積岩
れ　き	2 mm 以上	れき岩
砂	2 ～ 0.6 mm	砂　岩
泥	0.06 mm 以下	

□ れ　き

⑭ 化　石

空所にあてはまる語句を答えなさい。

		示準化石	
サンゴ	あたたかくて，浅いきれいな海	古生代	サンヨウチュウ フズリナ
アサリ	浅い海		
ブ　ナ	やや寒い季候	中生代	アンモナイト
シジミ	淡水や河口	新生代	ビカリア

□ 示準化石

⑮ 細胞(さいぼう)のつくり

空所にあてはまる語句を答えなさい。

植物の細胞にのみあるもの
液胞
細胞壁
葉緑体（光合成を行う）
両方の細胞にあるもの
細胞膜

▲植物の細胞　▲動物の細胞

□ 葉緑体

⑯ 光合成

空所にあてはまる語句を答えなさい。

植物が二酸化炭素と水を原料とし，光のエネルギーを使ってデンプンをつくるはたらきを光合成という。

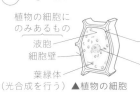

光のエネルギー
気孔
＋デンプンなど
水＋二酸化炭素
気孔

□ 葉緑体

⑰ 根と茎(くき)のつくりとはたらき

空所にあてはまる語句を答えなさい。

根から吸収した水や水に溶(と)けた養分の通り道を　　　という。

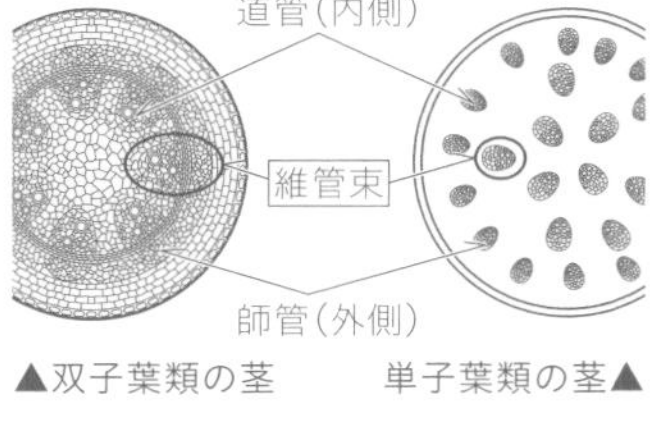

▲双子葉類の茎　単子葉類の茎▲

□ 師　管

⑱ 葉のつくりとはたらき

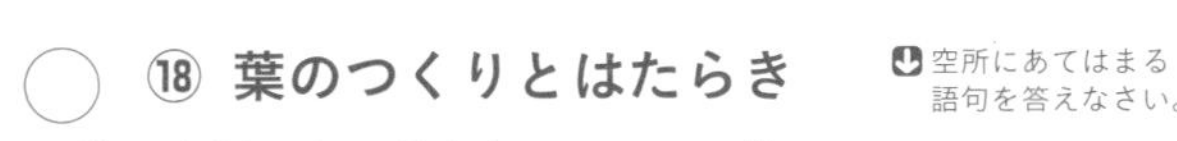

空所にあてはまる語句を答えなさい。

葉の裏側に多く見られる，三日月形の孔辺細胞(こうへんさいぼう)で囲まれたすきまで，気体の出入り口になっている。

表皮
葉緑体
葉脈

□ 蒸　散

⑲ 消化と吸収

空所にあてはまる語句を答えなさい。

消化酵素(こうそ)のはたらきによって，デンプンはブドウ糖に，タンパク質は　　　に分解され，柔毛(じゅうもう)内の毛細血管に吸収される。

□ リンパ管

⑳ 血液と細胞(さいぼう)のつながり

空所にあてはまる語句を答えなさい。

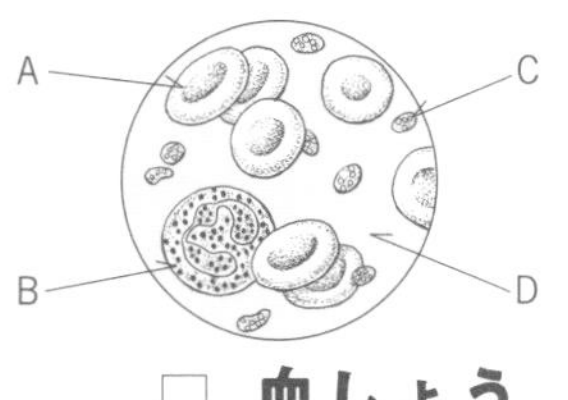

ヒトの血液成分

	名　称	はたらき
A	赤血球	酸素を運ぶ
B		異物や細菌(さいきん)をとり除く
C	血小板	血液を固める
D	血しょう	栄養分や不要な物質を運ぶ

□ 血しょう

㉑ 呼吸と血液の循環(じゅんかん)

空所にあてはまる語句を答えなさい。

酸素が最も多く含(ふく)まれる血液が流れている血管は　　　である。

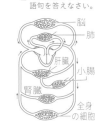

脳
肺
肝臓
小腸
腎臓
全身の細胞

□ 体循環

㉒ 不要な物質の排出(はいしゅつ)

空所にあてはまる語句を答えなさい。

からだに有害なアンモニアは，　　　で無害な尿素(にょうそ)に変えられる。

静脈
動脈
腎臓
輸尿管
ぼうこう

□ 尿

㉓ 動物の感覚と神経

空所にあてはまる語句を答えなさい。

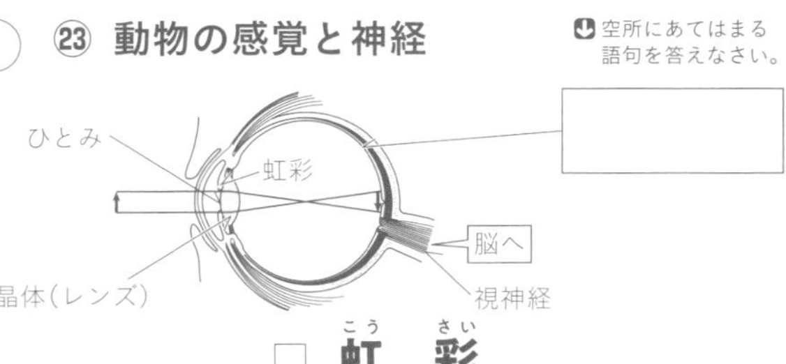

□ 虹(こう)彩(さい)

（切り取り線）

㉔ 刺激に対する反応

空所にあてはまる語句を答えなさい。

受けとった刺激に対して，脳が判断と命令を出すことによって，反応を起こす。

□ **反　射**

㉕ 大気圧

空所にあてはまる数値を答えなさい。

空気の重さによって生じる地表における圧力の大きさは，およそ［　　］hPa である。

□ **大気圧(気圧)**

㉖ 気象の観測

空所にあてはまる数値を答えなさい。

右の図の天気は，北北西の風，風力［　　］，天気はくもりである。

雲量	0～1	2～8	9～10
天気	快晴	晴れ	くもり

□ **晴　れ**

㉗ 空気中の水蒸気量の変化

空所にあてはまる語句を答えなさい。

ある温度で，その空気 1 m³ 中に含むことができる水蒸気の最大量を［　　］という。

□ **17.3 g**

㉘ 気団と前線

空所にあてはまる語句を答えなさい。

［　　］

□ **積乱雲**

㉙ 日本付近の低気圧

空所にあてはまる語句を答えなさい。

寒気団と暖気団の境界にできる低気圧のことを［　　］低気圧という。

□ **前　線**

㉚ 天気の変化

空所にあてはまる語句を答えなさい。

日本付近では，上空を吹く［　　］よりの風により，天気は西から東へ移り変わる。

□ **良くなる**

㉛ 日本の四季の天気

空所にあてはまる語句を答えなさい。

夏は［　　］の影響を受けるため，南高北低の気圧配置になる。

□ **西高東低**

㉜ 細胞分裂

空所にあてはまる語句を答えなさい。

［　　］

□ **遺伝子**

㉝ 植物の生殖のしかた

空所にあてはまる語句を答えなさい。

［　　］

□ **受　精**

㉞ 動物の生殖のしかた

空所にあてはまる語句を答えなさい。

［　　］

□ **受　精**

㉟ 有性生殖

空所にあてはまる語句を答えなさい。

［　　］

□ **受精卵**

㉕ 大気圧

空気も質量をもち，重力がはたらくことで，生じる圧力を何といいますか。

□ **1013**

参考　トリチェリの水銀柱の 76 cm が，1013 hPa（1 気圧）を示す。

㉔ 刺激(しげき)に対する反応

刺激に対して脳が関係せず，無意識に起こる反応を何といいますか。

□ **感　覚**

参考　反射は，ヒトが生まれつきもっている刺激に対する反応で，危険からからだを守ることに役立っているものが多い。

㉗ 空気中の水蒸気量の変化

20℃の空気 1 m^3 中に最大何 g の水蒸気を含(ふく)むことができるか，表のグラフから読みとりなさい。

□ **飽和(ほうわ)水蒸気量**

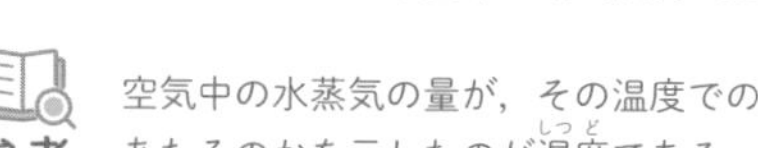
参考　空気中の水蒸気の量が，その温度での飽和水蒸気量の何％にあたるのかを示したのが湿度(しつど)である。

㉖ 気象の観測

雲量は，空全体を 10 としたとき，雲がおおっている割合で天気を示す。雲量 6 の天気は何ですか。

□ **3**

参考　天気を判断するときは，雲量を見て判断する。天気図記号には，天気や風力を表すものがある。

㉙ 日本付近の低気圧

日本付近で発生する低気圧は，何をともなっていますか。

□ **温　帯**

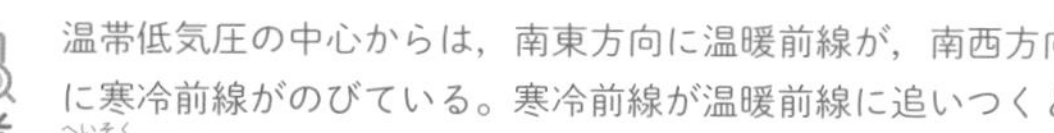
参考　温帯低気圧の中心からは，南東方向に温暖前線が，南西方向に寒冷前線がのびている。寒冷前線が温暖前線に追いつくと，閉塞(へいそく)前線になる。

㉘ 気団と前線

寒冷前線は，寒気が暖気の下にもぐりこんででき，前線付近では，どのような雲が発達しますか。

□ **乱　層**

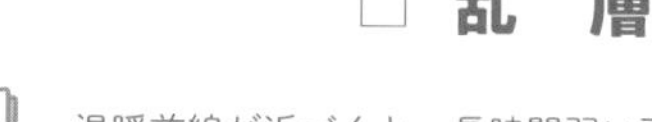
参考　温暖前線が近づくと，長時間弱い雨が降り，寒冷前線が通過すると，にわか雨が降ることが多い。

㉛ 日本の四季の天気

日本の冬は，シベリア気団の影響(えいきょう)を受けるため，どのような気圧配置になりますか。

□ **小笠原(おがさわら)気団**

参考　小笠原気団とオホーツク海気団の勢力がほぼ同じになると，停滞(ていたい)前線ができ，天気の悪い日が続く。夏の前のこの時期を梅雨(つゆ)，夏のあとの時期を秋雨(あきさめ)という。

㉚ 天気の変化

日本の上空には，1 年中西よりの風（偏西風(へんせいふう)）が吹(ふ)いている。高気圧におおわれると，天気は良くなりますか，悪くなりますか。

□ **西**

参考　春や秋には，偏西風の影響(えいきょう)を受けて，高気圧が移動性となって，日本付近をおおう。

㉝ 植物の生殖(せいしょく)のしかた

精細胞(さいぼう)が花粉管の中を移動していき，卵(らん)細胞の核(かく)と精細胞の核が合体することを何といいますか。

□ **花粉管**

参考　受精卵は，細胞分裂(ぶんれつ)をくり返して胚(はい)になり，やがて胚珠(はいしゅ)全体は種子になり発芽する。このように，生物のからだが完成していく過程を発生という。

㉜ 細胞分裂(さいぼうぶんれつ)

染色体(せんしょくたい)の中に含(ふく)まれていて，親の形質を子に伝えるものを何といいますか。

□ **染色体**

参考　生物が成長するのは，細胞分裂によって細胞の数がふえ，その細胞が大きくなるからである。

㉟ 有性生殖(せいしょく)

卵(らん)の核(かく)と精子の核が結びついた受精後の卵を，何といいますか。

□ **減　数**

参考　半分の数の染色体(せんしょくたい)をもつ生殖細胞が受精することにより，受精卵の染色体の数は，親と同じになる。

㉞ 動物の生殖(せいしょく)のしかた

卵(らん)の核(かく)と精子の核が合体することで，受精卵ができることを何といいますか。

□ **精　子**

参考　動物では，受精卵が細胞分裂(さいぼうぶんれつ)を始めてから，自分で食物をとり始める前までを，胚(はい)という。

（切り取り線）

㊲ 遺伝のしくみ

減数分裂によって一対の遺伝子が別々の生殖細胞に入ることを何といいますか。

□ 3：1

参考　子に現れる形質を顕性形質，子には現れない形質を潜性形質という。

㊴ 天体の1日の動き

表の図の星座は，2時間で30度東から西へ移動していることから，1時間では何度移動していますか。

□ オリオン座

参考　天体が，1日に1回地球のまわりを回る動きを，日周運動という。日周運動は，地球の自転による見かけの動きである。

㊶ 天体の1年の動き

天球上の太陽の見かけの通り道のことを何といいますか。

□ おうし座

参考　地球が1年に1回太陽のまわりを公転しているため，天球上を天体が動いているように見える。

(切り取り線)

㊸ 月の満ち欠けと日食・月食

太陽・地球・月の順に一直線上に並ぶときに起こる現象を何といいますか。

□ 日　食

参考　日食は月が新月のときに，月食は月が満月のときに起こる。

㊺ 自然界の生物のつながり

植物が生産者とよばれるのに対して，草食動物や肉食動物は何とよばれていますか。

□ 生　産

参考　生物どうしの間に見られる，食べる・食べられるの関係を食物連鎖という。

㊼ 物質の循環

自然界における生産者が光エネルギーを利用して有機物をつくり出すはたらきを何といいますか。

□ 二酸化炭素

参考　消費者は，生産者がつくり出した有機物（炭素を含む物質）をとりこんでいる。

㊱ 無性生殖

無性生殖によって親の遺伝子を受けつぐことで，親と子の何がまったく同じになりますか。

□ 分　裂

参考　ジャガイモのように，親のからだの一部が分かれてふえることも無性生殖である。

㊳ 太　陽

黒点の見える形が中央部と周辺部で異なることから，太陽はどのような形をしているとわかりますか。

□ 自　転

参考　黒点は，まわりより温度が低いため，暗く，黒く見える。

㊵ 季節の変化

季節によって太陽の南中高度が異なるのは，地球の何が傾いているからですか。

□ 夏　至

参考　日本では，夏に太陽の南中高度が高く，昼が長くなり，冬に太陽の南中高度が低く，昼が短くなる。

㊷ 太陽系

太陽に接近して，長い尾を見せる天体を何といいますか。

□ 衛　星

参考　太陽という恒星のまわりを，惑星などのいろいろな天体が公転している。太陽を含むこれらの天体の集まりを太陽系という。

㊹ 金　星

内惑星は，明け方か夕方にしか観測できない。明け方，東の空に見える金星は，何の明星といいますか。

□ よ　い

参考　火星，木星などのように，地球より外側を公転している外惑星は，真夜中も観測できる。

㊻ 自然界のつりあい

何かの原因で植物が減ると，それらをえさとする何動物が減ることになりますか。

□ 肉　食

参考　一時的につりあいがくずれても，時間がたてば，もとのつりあいのとれた状態にもどる。

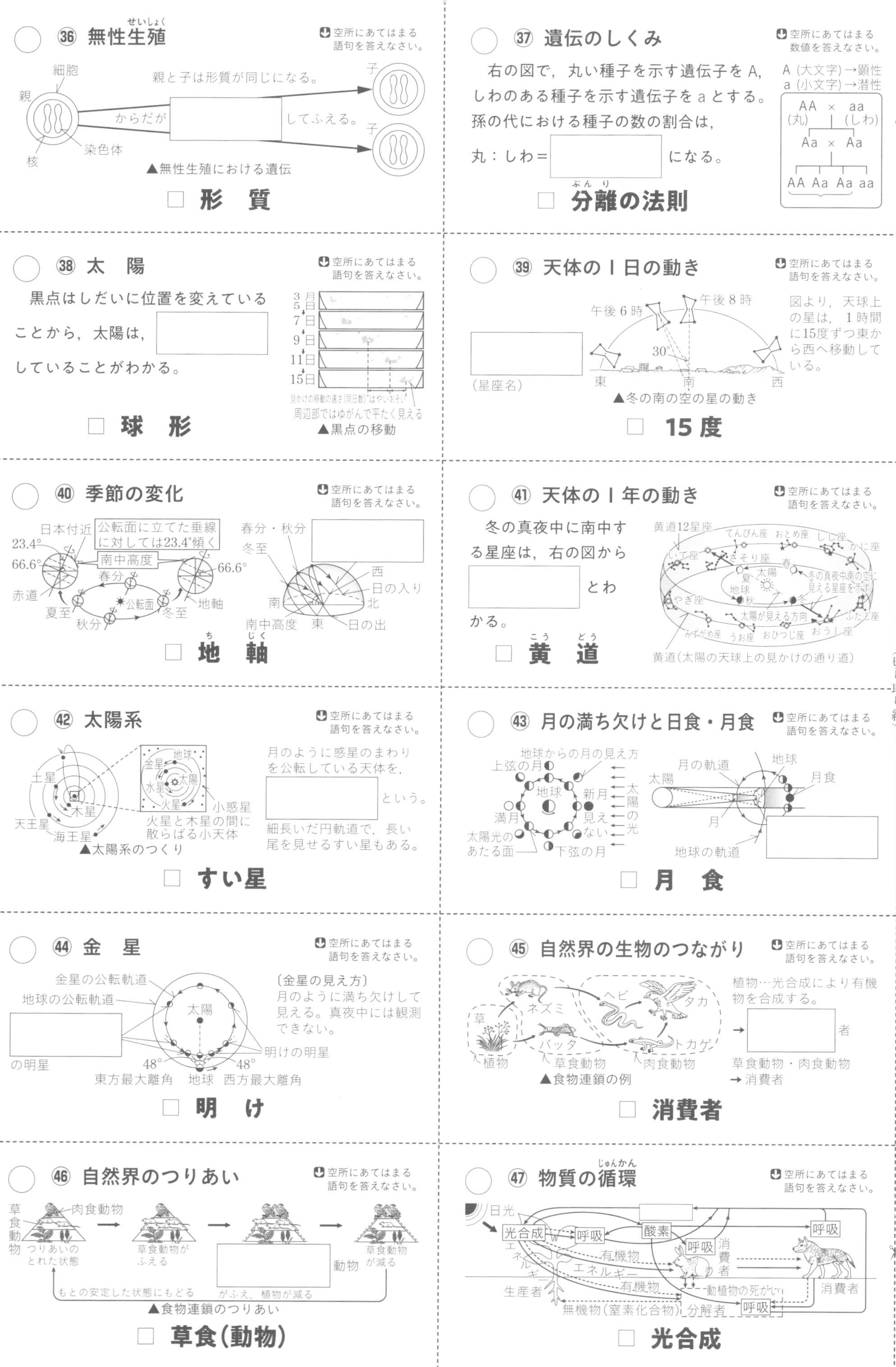

㊱ 無性生殖
せいしょく
空所にあてはまる語句を答えなさい。
細胞
親
核
染色体
親と子は形質が同じになる。
からだが
してふえる。
子
子
▲無性生殖における遺伝
形　質
㊲ 遺伝のしくみ
空所にあてはまる数値を答えなさい。
右の図で，丸い種子を示す遺伝子をA，しわのある種子を示す遺伝子をaとする。孫の代における種子の数の割合は，
丸：しわ＝
になる。
A（大文字）→顕性
a（小文字）→潜性
AA × aa
（丸）　（しわ）
Aa × Aa
AA Aa Aa aa
分離の法則
ぶんり
㊳ 太　陽
空所にあてはまる語句を答えなさい。
黒点はしだいに位置を変えていることから，太陽は，
していることがわかる。
3月5日
7日
9日
11日
15日
見かけの移動の速さ(同日数)はやいおそい
周辺部ではゆがんで平たく見える
▲黒点の移動
球　形
㊴ 天体の１日の動き
空所にあてはまる語句を答えなさい。
（星座名）
午後6時
午後8時
30°
東
南
西
▲冬の南の空の星の動き
図より，天球上の星は，1時間に15度ずつ東から西へ移動している。
15度
㊵ 季節の変化
空所にあてはまる語句を答えなさい。
日本付近
公転面に立てた垂線に対しては23.4°傾く
23.4°
66.6°
南中高度
66.6°
春分
赤道
公転面
地軸
夏至
秋分
冬至
春分・秋分
冬至
西
日の入り
南
北
南中高度
東
日の出
地　軸
ち　じく
㊶ 天体の１年の動き
空所にあてはまる語句を答えなさい。
冬の真夜中に南中する星座は，右の図から
とわかる。
黄道12星座
てんびん座
おとめ座
しし座
かに座
いて座
さそり座
春
太陽
夏
地球
秋
冬
冬の真夜中南の空に見える星座を示す
やぎ座
太陽が見える方向
ふたご座
みずがめ座
うお座
おひつじ座
おうし座
黄道（太陽の天球上の見かけの通り道）
黄　道
こう　どう
㊷ 太陽系
空所にあてはまる語句を答えなさい。
地球
金星
太陽
水星
火星
小惑星
土星
木星
天王星
海王星
火星と木星の間に散らばる小天体
▲太陽系のつくり
月のように惑星のまわりを公転している天体を，
という。
細長いだ円軌道で，長い尾を見せるすい星もある。
すい星
㊸ 月の満ち欠けと日食・月食
空所にあてはまる語句を答えなさい。
地球からの月の見え方
上弦の月
地球
新月
満月
見えない
太陽の光
太陽光のあたる面
下弦の月
月の軌道
地球
太陽
月食
月
地球の軌道
月　食
㊹ 金　星
空所にあてはまる語句を答えなさい。
金星の公転軌道
地球の公転軌道
太陽
の明星
48°
48°
明けの明星
東方最大離角
地球
西方最大離角
〔金星の見え方〕
月のように満ち欠けして見える。真夜中には観測できない。
明　け
㊺ 自然界の生物のつながり
空所にあてはまる語句を答えなさい。
草
植物
ネズミ
バッタ
草食動物
ヘビ
タカ
トカゲ
肉食動物
▲食物連鎖の例
植物…光合成により有機物を合成する。
→
者
草食動物・肉食動物
→消費者
消費者
㊻ 自然界のつりあい
空所にあてはまる語句を答えなさい。
草食動物
肉食動物
つりあいのとれた状態
草食動物がふえる
動物
がふえ，植物が減る
草食動物が減る
もとの安定した状態にもどる
▲食物連鎖のつりあい
草食（動物）
㊼ 物質の循環
じゅんかん
空所にあてはまる語句を答えなさい。
日光
光合成
呼吸
酸素
呼吸
呼吸
消費者
有機物
エネルギー
エネルギー
生産者
有機物
動植物の死がい
消費者
無機物（窒素化合物）
分解者
呼吸
光合成
（切り取り線）

高校入試 15時間完成

解答・解説

生命と地球

1時間目 植物のなかまと分類

解答（pp.4～5）

1 (1)おしべ (2)合弁花(類)
(3)(順に)ケ→キ→ク→コ

2 (1)エ
(2)例 胚珠が子房の中にあるから。
(3)ウ

3 (1)裸子植物 (2)ウ (3)ア・エ
(4)離弁花類

4 (1)イ (2)胞子 (3)ア

記述問題にチャレンジ 例 単子葉類の子葉は1枚で，葉の葉脈は平行脈，根はひげ根である。

解説

1 (1)花の中心にはめしべがあり，そのまわりにおしべがある。
(2)エンドウのように花弁が1枚ずつ分かれている花を離弁花，ツツジのように花弁が1枚につながっている花を合弁花という。
(3)外側から順に，がく，花弁，おしべ，めしべの順についている。

2 (1)おしべの先端の袋状になっている部分のことを**やく**といい，中には**花粉**が入っている。
(3)葉脈が網目状に広がっているので，アブラナは**双子葉類**に分類される。双子葉類の根は，主根と側根からできている。

3 (1) A の植物のなかまは，胚珠がむき出しになっていることから，**裸子植物**に分類される。
(2) B は，胚珠が子房の中にある被子植物のうち，発芽のときの子葉が1枚である**単子葉類**のなかまである。単子葉類の根は**ウ**のひげ根になっている。
(3)発芽のときの子葉が2枚である双子葉類は，花弁のつき方によって2つに分類される。花弁が合わさっているものを合弁花(類)，花弁が分かれているものを離弁花(類)という。

アのタンポポは合弁花(類)，**イ**のアブラナは離弁花(類)，**ウ**のサクラは離弁花(類)，**エ**のツツジは合弁花(類)，**オ**のユリは単子葉類である。
(4)被子植物→双子葉類→離弁花類に分類される。

4 マツは裸子植物，タンポポは被子植物，スギゴケはコケ植物，イヌワラビはシダ植物である。
(1)**ア**は雌花，**ウ**は葉，**エ**は受粉した2年目の雌花(まつかさ)である。
(2)シダ植物やコケ植物は胞子でふえる。
(3)**ア**はシダ植物の特徴で，**イ**，**ウ**はコケ植物の特徴である。スギゴケの，根のように見える部分を仮根といい，水分を吸収する力は弱く，からだを地面や樹皮などに固定することが主なはたらきである。

ここに注意 シダ植物とコケ植物の特徴を理解し，混同しないようにしよう。
シダ植物・コケ植物…胞子でふえる。
シダ植物…根・茎・葉の区別がある。
根から水分を吸収する
コケ植物…根・茎・葉の区別がない。
からだの表面全体で水分を吸収する。
仮根をもつ。雌株と雄株がある。

記述問題にチャレンジ イネ，トウモロコシ，ユリ，アヤメなどが単子葉類である。

ここに注意 双子葉類と単子葉類はそれぞれ下の図のような特徴をもっている。違いをしっかり覚え，混同しないようにしよう。

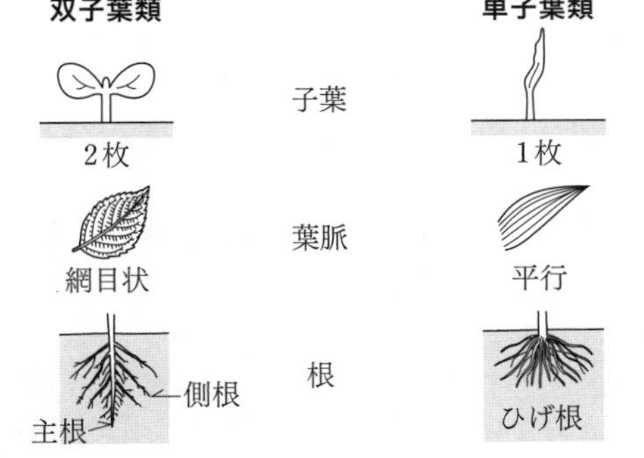

入試攻略 Points

対策 ❶どの花も外側から，がく，花弁，おしべ，めしべの順についている。
❷種子植物は，子房があるかないかによって，裸子植物と被子植物に分類される。被子植物は，さらに発芽のときの子葉の数が1枚の単子葉類と2枚の双子葉類に分類される。双子葉類は，花弁のつき方によって，花弁が離れている離弁花類，花弁がくっついている合弁花類に分類される。

おしべ
めしべ
花弁
がく

ひっぱると，はずして使えます。

❸胞子でふえるシダ植物とコケ植物は，からだのつくりの違いによって分類されることを理解しておく。

2時間目　動物のなかまと分類

解答（pp.6〜7）

1 (1)**A**　(2)**ウ→イ→ア**
(3)**広さ…狭くなる。**
明るさ…暗くなる。

2 (1)**エ**　(2)**①大きい　②広い　③広い**

3 (1)**胎生**　(2)**①イ　②ア**
(3)**③えら　④肺**　(4)**外とう膜**
(5)**⑤節（または，関節）**
(6)例**からだを支えて内部を保護するはたらき。**
(7)**エ**

記述問題にチャレンジ　例**ほこりなどのゴミが鏡筒内に入らないよう，接眼レンズを先につける。**

解説

1 (1)低倍率で観察できる生物のほうが，実際の大きさは大きい。
(2)顕微鏡の使い方…①顕微鏡を水平で直射日光のあたらない明るい場所に置く。
②接眼レンズ，対物レンズの順にとりつける。
③接眼レンズをのぞきながら，反射鏡の角度を調節して，全体が一様に明るく見えるようにする。明るさはしぼりで調節する。
④プレパラートをステージにのせ，真横から見ながら調節ねじを回し，プレパラートと対物レンズをできるだけ近づける。
⑤接眼レンズをのぞきながら調節ねじを回し，プレパラートと対物レンズを遠ざけながらピントを合わせ，明るさをしぼりで調節する。
(3)倍率を高くすると，ある部分をさらに拡大して見ることになるので，見える範囲は狭くなり，明るさは暗くなる。

ここに注意　顕微鏡の操作では，ピントを合わせるとき，接眼レンズをのぞきながら対物レンズとプレパラートを近づけてはいけない。対物レンズがプレパラートにあたり，プレパラートが割れたり，対物レンズに傷がついたり，よごれたりするからである。必ず，対物レンズとプレパラートを遠ざけながらピントを合わせるようにする。

2 (1)Aは犬歯，Bは臼歯，Cは門歯，Dは臼歯を示している。肉食動物（ヒョウ）では，獲物をとらえたり，肉を引きさくのに適した犬歯が，草食動物（シマウマ）では，草をすりつぶすのに適した臼歯が発達している。
(2)肉食動物の目は顔の前面にあり，獲物までの距離をはかるのに適している。草食動物の目は顔の側面にあるので，周囲を広く見渡すことができる。

3 (1)ウサギなどのほ乳類は，子を母親の体内である程度育ててから産む**胎生**である。メダカ，イモリ，トカゲ，ハトは，親が卵を産んで，卵から子が生まれる**卵生**である。
(2)トカゲは**は虫類**で，からだの表面はうろこでおおわれ，陸上に殻のある卵を産む。イモリは**両生類**で，からだの表面は湿った皮膚でおおわれ，水中に寒天質のものでおおわれた卵を産む。
(3)両生類のイモリは，子のときはえらと皮膚で呼吸をするが，親になると肺と皮膚で呼吸をする。
(5)昆虫類や甲殻類などの節足動物のあしは多くの節に分かれているが，軟体動物のアサリのあしには骨格や節はなく，筋肉でできている。
(7)すべて無脊椎動物ではあるが，クラゲとイソギンチャクは刺胞動物，ミジンコは節足動物（甲殻類），ミミズは環形動物である。

ここに注意　無脊椎動物のなかま分けをしっかり覚えておこう。
節足動物…全身が外骨格におおわれ，からだやあしが多くの節に分かれている無脊椎動物（**昆虫類**…チョウ，バッタなど，**甲殻類**…エビ，カニなど，その他…クモ，ムカデなど）。
軟体動物…あしに骨がなく，内臓が外とう膜でおおわれている無脊椎動物（アサリ，イカなど）。
その他…ヒトデやウニ，クラゲやイソギンチャク，ミミズなど

記述問題にチャレンジ　ほこりなどが鏡筒の中に入らないように，レンズをつけるときは接眼レンズ，対物レンズの順につけ，レンズをはずすときは対物レンズ，接眼レンズの順にはずす。

入試攻略Points

対策　❶顕微鏡を使うときには，直射日光があたると目を傷める危険があるので，直射日光のあたらない明るい場所で観察する。
顕微鏡の倍率
＝接眼レンズの倍率×対物レンズの倍率
❷肉食動物と草食動物のからだのつくりの違いは，食べるものの違いと関係している。

肉食動物…目は顔の前面にあり，獲物までの距離を正確にはかることができる。犬歯が発達しており，肉を引きさくのに役立つ。あしには鋭いつめがあり，獲物をとらえるのに適している。

草食動物…目は顔の側面にあり，周囲を広く見渡すことができるので，敵をすばやく見つけることができる。臼歯が発達しており，草をすりつぶすのに役立つ。あしにはかたく大きなつめでおおわれたひづめがあり，長い距離を走るのに適している。

❸子の生まれ方，呼吸のしかた，体表の違いなどによって，脊椎動物を分類することができる。

	魚　類	両生類	は虫類	鳥　類	ほ乳類
子の生まれ方	卵　生				胎　生
呼　吸	え　ら	※	肺		
体　表	うろこ	湿った皮膚	うろこ	羽　毛	毛

※子はえら・皮膚，親は肺・皮膚

3時間目　火山と地震

解答（pp.8〜9）

1 (1)**エ**
(2) **A…火山灰　B…火山弾**
(3)例**おだやかな噴火で，溶岩の粘り気は小さい。**

2 (1) **a…斑晶　b…石基**
(2)**エ**
(3)**火成岩 A…火山岩　火成岩 B…深成岩**
(4)**イ**

3 (1)**エ**　(2) **A**　(3)**イ**
(4)**小さくなる。**

4 (1)**主要動**　(2) **30 秒**　(3) **21 秒後**

記述問題にチャレンジ 例**石英や長石などの無色鉱物を多く含んでいるため。**

解　説

1 (1)火山ガスにはいろいろな気体が含まれているが，最も多く含まれているのは水蒸気である。このほかに，二酸化炭素や一酸化炭素，二酸化硫黄，硫化水素などが含まれている。

(2) A は火山灰で，激しい噴火のときによく見られる。火口やその底をつくっていた岩石が細かくくだかれたり，溶岩が固まったりしたもののうち，粒の小さいものである。

B は，マグマの破片が空中を飛んでいる間に冷え固まってできたもので，火山弾という。表面が急に冷やされたことでひび割れているものや，紡錘状（ラグビーボールの形）になっているものなど，特徴的な形をしている。

(3)粘り気の小さい溶岩が冷えて固まると黒っぽい岩石になり，粘り気の大きい溶岩が冷えて固まると白っぽい岩石になる。

三原山は，黒っぽい火山岩が多く見られるので，溶岩の粘り気は小さいと考えられる。

溶岩の粘り気が小さいときの噴火は，比較的おだやかで，火山は全体的にうすく広がった形をしている。

2 (1)比較的大きな粒を**斑晶**，粒のよく見えない部分を**石基**という。

(2)火成岩 B は大きな結晶だけからできているので，マグマが地下の深い所で，長い時間をかけてゆっくり冷え固まってできた岩石とわかる。

(3)火成岩 A は，石基と斑晶からできている**斑状組織**をしているので火山岩，火成岩 B は，大きな結晶だけからできている**等粒状組織**をしているので深成岩とよばれる。

(4)火成岩 A，火成岩 B 以外のどの火成岩にも含まれる白色の鉱物は長石である。カンラン石，角閃石，輝石などは有色鉱物という。

3 (1)初期微動が始まった時刻が最もはやいのは A 地点で，B 地点，C 地点，D 地点の順におそくなっている。ふつう，震源に近い地点ほど初期微動が始まる時刻がはやいので，A 地点が最も震央に近く，順に B 地点，C 地点，D 地点となっていることから，**エ**がこの地震の震央と考えられる。

(2)初期微動が到達してから主要動が到達するまでの時間を**初期微動継続時間**という。**図 2** の記録から，初期微動継続時間をみると，12 秒の A 地点で記録されたものと考えられる。

(3)震源からの距離は，観測地点での初期微動継続時間に比例することから，

震源と A 地点の距離：震源と B 地点の距離

$= 12 : 18 = 2 : 3$

地震波の伝わる速さは一定なので，P 波が進む距離と時間は比例する。地震が発生してから，P 波が A 地点に到達するまでの時間を x〔s〕とすると，P 波が B 地点に到達するまでの時間は $x + 8$〔s〕と表せるので，

$x : (x + 8) = 2 : 3$，$x = 16$〔s〕

したがって，この地震が発生した時刻は，6 時 46 分 00 秒から 16 秒前の，6 時 45 分 44 秒である。

(4)一般に，震源からの距離が遠いほど，震度は小さくなる。

4 (1)伝わる速さのはやい波(P波)によるゆれを初期微動，伝わる速さのおそい波(S波)によるゆれを主要動という。

(2)初期微動継続時間は震源からの距離に比例する。図より，震源から200 km離れた地点での初期微動継続時間は20秒，300 km離れた地点での初期微動継続時間をx〔s〕とすると，

$20 : x = 200 : 300$，$x = 30$〔s〕

(3)図より，震源から200km離れた地点にS波が到達したのは，地震発生から50秒後である。震源から120km離れた地点に，地震発生からy〔秒後〕にS波が到達したとすると，

$200 : 50 = 120 : y$，$y = 30$〔秒後〕

緊急地震速報が発表されたのは，地震発生から9秒後だから，震源から120km離れた地点にS波が届くのは緊急地震速報発表の，30 − 9 = 21〔秒後〕である。

記述問題にチャレンジ　火成岩では，花こう岩や流紋岩は石英や長石のような無色もしくは白色の鉱物が多く含まれるために白っぽく見える。玄武岩や斑れい岩は輝石やカンラン石のような有色鉱物が多く含まれるために黒っぽく見える。

ここに注意　震源の深さが，太平洋側で浅く，日本列島の下へ向かって深くなる理由をプレートの動きから説明できるようにしておこう。

右の図のように，日本列島の下では，海洋プレートが大陸プレートの下にもぐりこんでいる。このような場所では，海洋プレートに引きずりこまれている大陸プレートがはね返るときに，大きな地震が起きる。

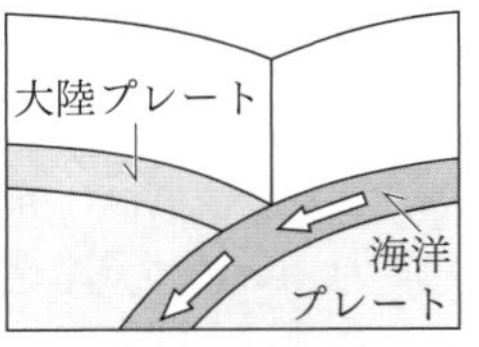

入試攻略 Points

対策　❶**火山岩**は，マグマが地表や地表近くで急に冷え固まってできたため，**石基**(細かい粒の部分)と**斑晶**(大きな鉱物)でできた**斑状組織**である。**深成岩**は，マグマが地下深くでゆっくり冷え固まってできたため，同じくらいの大きさの鉱物でできた**等粒状組織**である。

❷伝わる地震波の速さ〔km/s〕
＝震源からの距離〔km〕÷地震発生から波が届くまでの時間〔s〕

地震が発生した時刻
＝地震波が到着した時刻－震源からの距離÷伝わる地震波の速さ

❸プレートの沈みこみによる反発や活断層の動きによって，地震は発生する。

4時間目　大地の変化と地層

解答 (pp.10～11)

1 (1)エ　(2)イ→ウ→ア　(3)イ

2 (1)粒の大きさ　(2)エ　(3)ア

3 (1)しゅう曲　(2)ウ
(3)例 粒に丸みがあるので堆積岩である。
(4)海岸段丘　(5)b

4 (1)ア　(2)断層

記述問題にチャレンジ　例 **その生物や，化石を含む地層の堆積した時代を知る手がかりになる化石。**

解　説

1 (1)火山の噴火によって噴出された火山灰などが堆積してできた岩石を凝灰岩という。**ア**，**イ**，**ウ**はすべて海底などに積もったれき・砂・泥などの堆積物が長い年月をかけておし固められた堆積岩である。

(2)凝灰岩の層が1つしかないので，どの地点でも同じ時期に堆積したことがわかる。**ア**は凝灰岩のすぐ上の層，**イ**は凝灰岩より約15 m下の層，**ウ**は凝灰岩のすぐ下の層であるから，堆積した時代の古いものから順に，**イ→ウ→ア**となる。

(3)凝灰岩の層の海抜をそれぞれ求める。

Aの凝灰岩の層はおよそ，70 − 27 = 43〔m〕
Bの凝灰岩の層はおよそ，60 − 7 = 53〔m〕
Cの凝灰岩の層はおよそ，70 − 17 = 53〔m〕

BとCでは，凝灰岩の層がほぼ同じ高さにあるので，南北には水平である。AとBでは，AのほうがBよりおよそ10 m下に凝灰岩の層が位置しているので，西に傾いていることになる。

2 (1)堆積岩の中で，れき岩，砂岩，泥岩は，含まれている粒の大きさによって分けられる。

(2)地層が堆積した当時の環境を知る手がかりになる化石を**示相化石**という。サンゴはあたたかくてきれいな浅い海に生存する生物である。示相化石には，シジミ(河口や湖)，ブナ(温帯の中のやや寒冷な地域)，モミの花粉(寒冷な地域)，アサリやカキ(浅い海)などがある。

(3)ケイソウなどの生物体や海水中の二酸化ケイ素が沈殿して固まった岩石をチャートといい，貝殻などの石灰質の部分や海水中の石灰分が沈殿して固まった岩石を石灰岩という。うすい塩酸をかけると石灰岩からは二酸化炭素が発生するが，チャートからは何も発生しない。

ここに注意 示相化石と示準化石の違いをよく理解し，とりちがえないようにしよう。

示相化石…地層が堆積した当時の環境を知る手がかりになる化石である。示相化石は，限られた環境にしかすめない生物の化石が適している。

示準化石…地層が堆積した時代を知る手がかりになる化石である。示準化石は，広い範囲に生息していて，短い期間に栄えて絶滅した生物の化石が適している。

3 (1)地層が，横から強い圧力を受けて大きく波を打ったように変形したものを**しゅう曲**という。

(2)岩石が，温度変化や水のはたらきなどで表面からくずれていき，土となる作用を**風化**という。

アの**侵食**は，水のはたらきなどで地表面の岩や土をけずりとるはたらき，**イ**の**隆起**は，土地が盛り上がって高くなる現象，**エ**の**沈降**は，土地が沈む現象である。

(3)火成岩は侵食を受けていないので粒が角ばっているが，堆積岩は水に侵食された粒なので丸みがある。

(4)海岸沿いに見られる，切りたったがけと平らな土地とが交互に続いた階段状の地形を海岸段丘という。

(5)段丘面の数は隆起した回数を示し，段丘面は上のものほど古い。

4 (1)日本付近のプレートは，太平洋側のプレートが大陸側のプレートの下に沈みこむ。

(2)地震で，地下に大規模な破壊が起きたときにできる大地のずれを**断層**といい，今後も活動して地震を起こす可能性がある断層を活断層という。

記述問題にチャレンジ フズリナ，サンヨウチュウは古生代，アンモナイト，恐竜は中生代，ビカリア，マンモス，ナウマンゾウは新生代の示準化石である。

入試攻略Points

対策 ❶堆積岩にはれき岩，砂岩，泥岩，石灰岩，チャートなどがある。れき岩，砂岩，泥岩は，粒の大きさで区別される。粒の大きさが2 mm以上の堆積岩をれき岩，$\frac{1}{16}$～2 mmの堆積岩を砂岩，$\frac{1}{16}$ mm以下の堆積岩を泥岩という。

❷地層が堆積した当時の環境を知る手がかりになる化石を示相化石(サンゴ，アサリ，ブナなど)，地層が堆積した時代を知る手がかりになる化石を示準化石(フズリナ，サンヨウチュウ，アンモナイト，ビカリアなど)という。

❸ふつう，地層は下にあるほうが古く堆積したものである。地層の重なりを表した柱状図から，地層の堆積の上下関係や特徴などがわかる。

5時間目 細胞のつくりと植物のはたらき

解答(pp.12～13)

1 (1)例 **核を染めるはたらき。**
(2)**細胞質** (3)**液胞** (4)**ウ** (5)**細胞膜**

2 (1)**デンプン** (2)**a(と)d** (3)**a(と)b**
(4)**二酸化炭素**

3 (1)**道管** (2)**栄養分**
(3)①**水蒸気** ②**蒸散** (4)**ア**

4 (1)例 **水面からの水の蒸発を防ぐため。**
(2) $d = b + c - a$ (3)**6時間**

記述問題にチャレンジ 例 **日光をたくさんあび，光合成を活発に行えるという利点。**

解 説

1 (1)核は酢酸オルセイン液や酢酸カーミン液によく染まる。着色することによって，顕微鏡で観察しやすくなる。

(2)核以外の部分を細胞質という。細胞膜も細胞質の一部である。

(3) Bの液胞，葉緑体，細胞壁は，植物の細胞にだけある。

(4)葉緑体では**光合成**が行われている。光合成とは，植物が光のエネルギーを利用し，葉緑体で水と二酸化炭素を材料にしてデンプンなどの栄養分をつくるはたらきで，このとき酸素が発生する。

(5)植物の細胞には，細胞膜の外側にじょうぶな細胞壁がある。

2 (1)ヨウ素液にひたすと青紫色になったことから，デンプンがつくられているとわかる。

(2) **a**は光があたり，葉緑体をもっている部分。**b**は光があたり，葉緑体をもっていない部分。**c**は光があたらず，葉緑体をもっていない部分。**d**は光があたらず，葉緑体をもっている部分。光合成には日光が必要であることを調べるには，光があたった，光があたらなかったということ以外の条件が同じものを選び，比べればよい。

(3)光合成は葉の緑色の部分で行われることを調べるには，葉の緑色の部分の有無以外の条件が同じものを選び，比べればよい。

(4)光合成を行うには，原料として二酸化炭素と水が必要である。二酸化炭素と水を原料に使い，日光のエネルギーを利用してデンプンと酸素をつくり出すはたらきが光合成で，光合成に必要な二酸化炭素は，葉の気孔を通して空気中からとり入れる。

3 (1)根から吸収した水や水に溶けた養分の通り道を**道管**という。道管は，茎では維管束の中心に近い所，葉では葉の表側の表皮に近い部分に位置している。
(2)葉でつくられた栄養分の通り道を**師管**という。師管は，茎では維管束の中心から遠い所，葉では葉の裏側の表皮に近い部分に位置している。
(3)葉の細胞に運ばれた水が，水蒸気となって気孔から大気中へ出ていく現象を**蒸散**という。蒸散によって，水はとぎれることなく根から葉へと道管の中を移動し，それにともなって，根から吸収した水に溶けた養分も水といっしょに植物全体にいきわたる。
(4)葉や茎など，緑色の部分で光合成は行われている。

4 (2)試験管 **A** では葉の表＋裏＋茎からの蒸散量，試験管 **B** では葉の表＋茎からの蒸散量，試験管 **C** では葉の裏＋茎からの蒸散量，試験管 **D** では茎からの蒸散量がわかる。したがって，$d = b + c - a$
(3)(2)より，$a = b + c - d$ と変形できるので，10 時間放置したときの a の値(あたい)は，$b = 7.0$，$c = 11.0$，$d = 2.0$ をそれぞれ代入して，

$a = 7.0 + 11.0 - 2.0 = 16.0$〔g〕

試験管 **A** の水が 10.0g 減るのにかかる時間を x〔時間〕とすると，

$10 : 16.0 = x : 10.0$，$x = 6.25 \to 6$〔時間〕

記述問題にチャレンジ　植物の葉は，1 か所に 1 枚ずつ互(たが)い違(ちが)いについていたり，2 枚ずつ向き合っていたり，3 枚以上が輪状についていたりして，日光がよくあたるようにできている。

ここに注意　植物も，動物と同じように呼吸をしているが，昼は光合成による気体の出入りのほうがずっと多いので，全体としては，二酸化炭素をとり入れ，酸素を出しているように見える。これに対して，夜は呼吸だけを行っているので，酸素をとり入れ，二酸化炭素を出している。このように，昼と夜とでは，全体としては出入りする気体の種類が逆のようになることを理解しておこう。

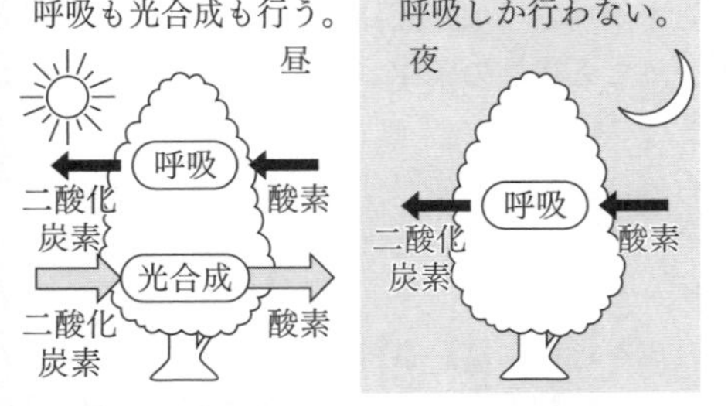

入試攻略 Points

対策　❶植物の細胞，動物の細胞のどちらもその内部に**核**を 1 個もち，そのまわりには**細胞質**があり，細胞質のいちばん外側は**細胞膜**といううすい膜になっている。植物の細胞には，細胞膜の外側に厚くてじょうぶな**細胞壁**，葉や茎の緑色をした部分の細胞には**葉緑体**，不要な物質や色素が溶けている**液胞**がある。

❷光合成と蒸散のしくみ

光合成…植物の葉緑体(緑色をした部分)の中で，二酸化炭素と水，光のエネルギーを使い，デンプンと酸素をつくり出すはたらき。

蒸散…葉の細胞に運ばれた水が，水蒸気となって気孔から大気中へ出ていく現象。

❸茎の維管束では，中心に近い部分の管が道管，道管の外側にある管が師管である。葉の維管束では，葉の表側の表皮に近い部分にある管が道管，裏側の表皮に近い部分にある管が師管である。道管は水や水に溶けた養分を，師管は光合成によってつくり出された栄養分を運ぶ。

6時間目　動物のからだとそのはたらき ①

解答（pp.14〜15）

1 (1)**ウ**
(2)例**デンプンを麦芽糖(ばくがとう)などに分解するはたらき。**
(3)**消化酵素(こうそ)(酵素)**　(4)**ア**

2 (1)**肺**
(2)例**表面積を大きくし，ガス交換(こうかん)の効率をよくするため。**　(3)**エ**

3 (1)**エ**
(2)①例**血液の逆流を防ぐはたらき。**
②例**表面積が大きくなるから。**
③**エ**　④**腎臓(じんぞう)**

4 (1)**C，E**　(2)**エ**

記述問題にチャレンジ　例**酸素の多い所では酸素と結びつき，酸素の少ない所では酸素をはなすはたらき。**

解説

1 (1)・(2)ヨウ素液はデンプンを検出する試薬で，デンプンに反応して青紫(むらさき)色になる。また，ベネジクト液は麦芽糖やブドウ糖を検出する試薬で，麦芽糖やブドウ糖に加えて加熱すると赤褐色(せきかっしょく)の沈殿(ちんでん)ができる。

デンプンのりと水を入れ，ヨウ素液を加えた **B** は，デンプンが残っているため青紫色になり，デンプンのりと唾液(だえき)を入れ，ベネジクト液を加えて加熱した **C** は，唾液のはたらきによってデンプンが麦芽糖などに分解されたため赤褐色の沈殿ができる。

(3)消化液に含まれ，食物に含まれている栄養分を分解するはたらきをもつものを**消化酵素(酵素)**という。
(4)**イ**のペプシンは胃液に含まれている消化酵素，**ウ**のトリプシンと**エ**のリパーゼはすい液に含まれている消化酵素である。

2 (1)酸素を体内にとりこむ器官は肺である。
(3)肺に入ってくる血液**a**は，不要になった二酸化炭素などが多く含まれている。血液**a**が肺胞をとり囲む毛細血管を流れる間に，二酸化炭素は肺胞の中に出され，酸素は血液中にとりこまれる。そのため，肺から出てくる血液**b**には酸素が多く含まれている。

3 (1)**X**は白血球である。白血球は，異物や細菌が体内に入ってくると，それをとり除くはたらきをする。
アの，空気にふれると血液を固めるはたらきをするのは血小板，**イ**の，栄養分や不要な物質を運ぶはたらきをするのは血しょう，**ウ**の，酸素を運ぶはたらきをするのは赤血球である。
(2)①血管**a**は，からだの各部分から心臓へもどってくる血液が通っている大静脈である。全身の細胞に酸素を与えたあとなので，血液中の酸素の量は少ない。また，静脈には，血液が逆流しないようにところどころに弁がある。
②ヒトの柔毛の表面積の合計は約200 m^2 にもなる。柔毛が無数にあることで表面積が非常に大きくなるため，栄養分を効率よく吸収できる。
③ブドウ糖とアミノ酸，無機物は小腸の柔毛から吸収され，毛細血管に入る。一方，脂肪酸とモノグリセリドは小腸の柔毛から吸収されたあと，再び脂肪になってリンパ管に入る。
④尿素は，血液によって腎臓に運ばれ，腎臓の毛細血管の部分で血液からこし出されて尿になる。

!ここに注意 肝臓と腎臓のはたらきをとりちがえないようにしよう。細胞にとって有害であるアンモニアを，害のない尿素につくり変えるのが肝臓，尿素などの不要な物質を血液中からこしとり，尿をつくるのが腎臓である。

4 (1)肺から心臓へもどる血液が流れる肺静脈と心臓から全身に送られる血液が流れる大動脈には酸素を多く含む血液(動脈血)が流れるので，**C**と**E**があてはまる。全身から心臓にもどる血液が流れる大静脈(**A**と**B**)と心臓から肺に送られる血液が流れる肺動脈(**D**)には二酸化炭素を多く含む血液(静脈血)が流れる。
(2)大静脈と肺静脈につながっている心臓の部屋を心房，大動脈と肺動脈につながっている心臓の部屋を心室という。からだを前面から見ているので，左右逆になっていることに気をつけること。

記述問題にチャレンジ 赤血球(中央がへこんだ円盤形をしている)に含まれている赤い物質を**ヘモグロビン**といい，酸素の多い所では酸素と結びつき，酸素の少ない所では酸素をはなすはたらきがあるので，肺で酸素と結びつき，酸素が必要な細胞で酸素をはなす。

入試攻略 Points

対策 ❶唾液にはデンプンを麦芽糖などに変える消化酵素(アミラーゼ)が含まれている。ヨウ素液はデンプンの有無を，ベネジクト液は麦芽糖やブドウ糖の有無を調べる指示薬である。消化酵素は，ヒトの体温くらいのとき活発に活動し，温度が下がるとはたらきはにぶくなり，温度を高くしすぎるとはたらかなくなる。
❷食物の通り道である，口→食道→胃→十二指腸→小腸→大腸→肛門 を**消化管**という。唾液には**アミラーゼ**，胃液には**ペプシン**，すい液には**トリプシン**や**リパーゼ**などの消化酵素が含まれている。
❸血液は，固体成分である**赤血球**，**白血球**，**血小板**と，液体成分である**血しょう**からできている。血しょうが毛細血管からしみ出したものを**組織液**という。

7時間目 動物のからだとそのはたらき ②

解答 (pp.16〜17)

1 (1)**例 水の流れと逆向きに泳ぐ。**
(2)**ア** (3)**目**

2 (1)**記号…エ 名称…鼓膜**
(2)**記号…ⓑ 正しい語句…運動神経**

3 (1)**大きくなる。**
(2)**a** (3)**感覚器官(感覚器)**

4 (1)**反射**
(2)①**脊髄** ②**X** (3)**ア**
(4)**例 危険からからだを守るのに役立っている。**

記述問題にチャレンジ **例 からだを支えるはたらきがある。**

解 説

1 (1)ヒメダカは水の流れがなければ自由に泳いでいるが，水の流れがあれば水の流れにさからう向きに泳ぐ。
(2)・(3)水槽のまわりにおいた黒白の縦じま模様を回すと，ヒメダカは目にうつった縦じま模様を追いかけるように泳ぐ。

2 (1)ヒトの耳のつくりで，空気の振動を受けとる部分は鼓膜(**エ**)である。鼓膜でとらえた空気の振動は，耳小骨(**ア**)を通して，うずまき管(**ウ**)内の液体を振動させる。その振動がうずまき管の感覚細胞を刺激し，感覚神経である聴神経を通して脳に伝えられる。
(2)感覚神経は耳などの感覚器官からの刺激を中枢神経に伝える役目をしており，中枢神経からの刺激を腕やあしなどの運動器官に伝えるのは運動神経である。

3 (1)暗い所に入ると目に入る光の量を多くしようとするためにひとみは大きくなり，明るい所に入ると目に入る光の量を少なくしようとするためにひとみは小さくなる。
(2) **b** はレンズ(厚みを変えて光の屈折の度合いを変える)，**c** は網膜(光の刺激を受ける)，**d** は視神経(光の刺激を脳に伝える)である。
(3)目は光の刺激，鼻はにおいの刺激，舌は味の刺激，耳は音の刺激，皮膚はあたたかさや冷たさ，痛みなどの刺激を受けとる感覚器官である。

4 (1)刺激に対して無意識に起こる反応を**反射**といい，信号が脳に伝わる前に反応が起こっている。
(2)皮膚が受けた刺激は，感覚神経を通って脊髄に伝えられ，脊髄が命令を出して運動神経に伝わり，無意識に腕を曲げる。このとき，**X** の筋肉が収縮することにより，腕は曲がる。
(3)口の中に食物を入れると，無意識に唾液が出る。**イ**，**ウ**，**エ**は，いずれも脳が命令を出す反応である。
(4)反応するまでの時間が短いことによって，危険からからだを守るのに役立っているものが多い。

記述問題にチャレンジ　骨格はじょうぶな背骨や，腕やあしの太い骨などからなる。からだの内部にある骨格を内骨格という。内骨格の骨と骨は関節でつながっている。

ここに注意 反射と他の反応の刺激や命令の伝わり方の違いを理解しておこう。

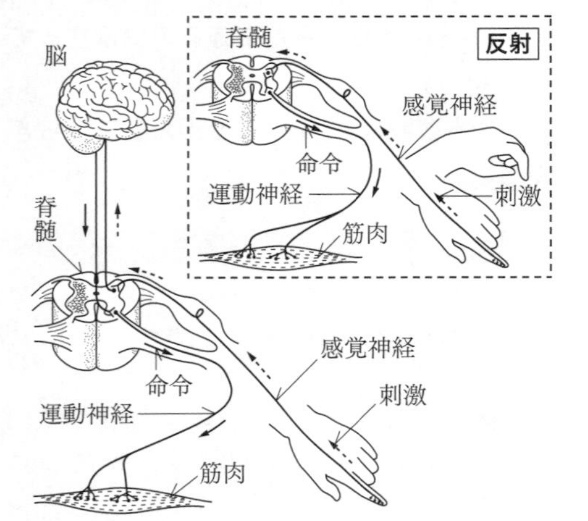

図のように，反射では反応が起こるまでの経路が他の反応よりも短いので，刺激を受けとってから反応が起こるまでの時間が短い。そのため，反射は危険から身を守る反応として役立っていることが多い。

入試攻略 Points

対策 ❶反射は生まれつき備わったものである。
❷腕を伸ばすときは，腕の内側の筋肉がゆるみ，外側の筋肉が縮む。腕を曲げるときは，内側の筋肉が縮み，外側の筋肉がゆるむ。骨格についている筋肉は両端がけんになっていて，関節を隔てて2つの骨についている。
❸光の刺激は，レンズ→網膜→視神経→脳，音の刺激は，鼓膜→耳小骨→うずまき管→聴神経→脳，においの刺激は，嗅神経→脳 へと伝わる。

8時間目 気象の観測 ①

解答 (pp.18〜19)

1 (1)**ウ** (2) **300N**
2 (1)**右図** (2)**ウ**
(3)①**ア** ②**ア** ③**ア**
3 (1)**くもり**
(2)**温帯低気圧**
(3)**温暖前線** (4)**ウ** (5)**イ** (6)**エ**

記述問題にチャレンジ 例**冷たい水をかけたことで気体の状態の水が一部液体になり，ペットボトル内の圧力がまわりの大気圧に比べて小さくなったため。**

解説

1 (1)地球をとり囲む厚い空気の層を**大気**といい，大気の重さによって生じる圧力を**大気圧(気圧)**という。
吸盤が机や壁にくっつくのは，吸盤の表面に大気圧がはたらいているからである。
標高が高い所では，それより上にある空気の層がうすくなり，大気による圧力は小さくなる。密閉された菓子袋を山のふもとから山頂までもっていくと，袋を外側からおす大気による圧力が小さくなり，菓子袋がふくらむ。
また，**ア**は炭酸水素ナトリウムの熱分解によって発生した二酸化炭素による現象，**イ**は地球上ではたらく重力による現象，**エ**は浮力による現象である。

(2)吸盤上面全体にかかる大気圧による力の大きさを x〔N〕とすると，$30cm^2 = 0.003m^2$ より，

$100000〔Pa〕= \frac{x〔N〕}{0.003〔m^2〕}$，$x = 300〔N〕$

ここに注意 圧力の単位を Pa や N/m^2 で表すとき，面積の単位は m^2 である。面積の単位はこの問題のように「cm^2」で表されていることが多いので，「cm^2」を「m^2」に換算して計算しなければならない。

$10〔cm〕× 10〔cm〕= 100〔cm^2〕$

⇩

$0.1〔m〕× 0.1〔m〕= 0.01〔m^2〕$

つまり，$100cm^2 = 0.01m^2$ で，この問題の場合，$30cm^2 = 0.003m^2$ で計算する。

2 (1)○の中に天気記号を描き，矢ばねの向きで風向，矢ばねの数で風力を表す。天気記号には，○…快晴，⦶…晴れ，◎…くもり，●…雨，⊗…雪などがある。

(2)**図Ⅰ**の観測地における海風の風向は東，陸風の風向は西である。ある日の観測地では表より，13 時に海風，7 時，19 時に陸風が吹いていたことがわかる。

(3)夜間は，陸上の気温が海上の気温より低くなる。その結果，海上に上昇気流ができ，気圧が低くなるため，陸から海に向かう風，陸風が吹く。

3 (1)天気記号◎が表す天気はくもりである。

(2)中緯度帯で発生する温帯低気圧は，西から東へ移動し，低気圧の中心から南東方向に温暖前線が，南西方向に寒冷前線ができる。

(3)―●―●―●―は温暖前線を，―▼―▼―▼―は寒冷前線を表す。

(4)温暖前線は，暖気が寒気にぶつかってできた前線であるため，**C**側が暖気で，**D**側が寒気である。

同じ質量で比べた場合，暖気は寒気に比べて体積が大きく，密度が小さくなるため，暖気が寒気の上をはい上がるようにして前線は進んでいく。

(5)温暖前線が通過すると，天気はいったん回復し，暖気の区域に入るため，気温が高くなり，風は南よりになる。

観測結果を見ると，9 時から 12 時の間で天気は晴れになり，気温は急上昇し，風は東南東から南南西へと南よりに変化している。

(6)北半球では，高気圧を上から見ると，地表付近で時計まわりに風が吹き出している。

記述問題にチャレンジ 一般的に物質は，気体から液体に変化すると体積が減少する。**1**においても，ペットボトル内の水蒸気(気体)が冷やされて液体になったことで体積が減少している。

入試攻略 Points

対策 ❶大気圧(気圧)とは，大気の重さによって生じる圧力のことである。次の圧力の計算式を利用するときは，単位に要注意である。

$$\text{圧力〔Pa〕}=\frac{\text{面を垂直におす力の大きさ〔N〕}}{\text{力のはたらく面の面積〔}m^2\text{〕}}$$

❷晴れた日の昼間は，陸上の気温が海上の気温より高くなる。その結果，陸上に上昇気流ができ，気圧が低くなるため，海から陸に向かう風(**海風**)が吹く。夜間は反対に陸から海に向かう風(**陸風**)が吹く。

❸右の図のように，高気圧の中心付近では，時計まわりに風が吹き出す。下降気流が生じるので，雲はできにくく天気はよい。反対に，低気圧の中心付近では，反時計まわりに風が吹きこむ。上昇気流が生じ，雲が発生して天気が悪くなる。

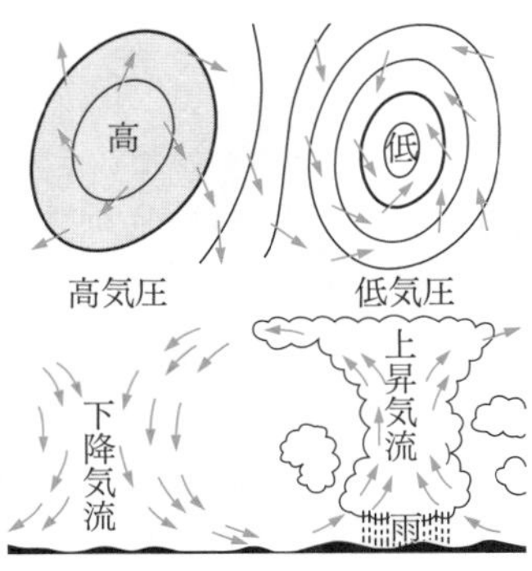

9時間目 気象の観測 ②

解答（pp.20～21）

1 (1)**例** **コップに接する空気中の水蒸気が冷やされて，水滴となってできた。**

(2) **75 %** (3)**エ** (4)**イ**

2 (1)**エ** (2)**ウ**

3 (1) **81 %** (2)**右図** (3)**エ**

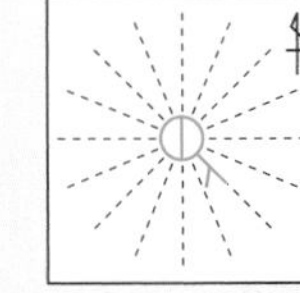

4 (1)①**ア** ②**ア**

(2)**例** **風上側の空気が斜面をのぼるとき雲ができ，風下側の空気が斜面をくだるとき雲が消えるという現象をたえ間なくくり返しているから。**

記述問題にチャレンジ **例** **気温が低いほうが空気 1 m^3 中に含むことのできる水蒸気量が少ないため。**

解説

1 (1)コップに接する空気が，氷水を入れて冷たくなったコップによって冷やされ露点以下になると，空気中の水蒸気が水滴となってコップの表面につく。

(2)水温が 20 ℃になったとき，コップの表面に水滴がつき始めたので，室内の空気 1 m^3 中に含まれる水蒸気の量は表から 17.3 g，また，室温は 25 ℃なので，飽和水蒸気量は表から 23.1 g/m^3，これらのことから，室内の湿度は，

$\frac{17.3}{23.1} \times 100 = 74.8\cdots \rightarrow 75$〔%〕

(3)・(4)ピストンを急に引くと，フラスコ内の空気が膨張して温度が下がり，露点以下になって水滴ができるため，フラスコ内が白くくもる。

2 (1)グラフより，気温 25 ℃のときの飽和水蒸気量は 23 g/m^3，含まれている水蒸気量は 14 g だから，

$\frac{14}{23} \times 100 = 60.8\cdots \rightarrow 61$〔%〕

(2)温度を 3 ℃まで下げたとき，グラフより，3 ℃のときの飽和水蒸気量は 6 g/m^3 だから，空気 1 m^3 につき $14 - 6 = 8$〔g〕が水滴となって出てくる。空気 5 m^3 では，$8 \times 5 = 40$〔g〕が水滴となる。

3 (1)乾球の示度が 20 ℃，湿球の示度が 18 ℃だから，**図 2** で乾球の示度が 20 ℃，乾球の示度と湿球の示度の差が 2.0 ℃のところを読みとる。

(2)晴れを表す天気記号は①である。風力 1 のときの矢ばねの描き方に注意する。

(3)露点がほとんど変化しなかったということは，空気中の水蒸気量がほとんど変化しなかったということである。空気中の水蒸気量が変化しないときは，湿度の変化は気温の変化と逆の関係になる。

4 (1)低気圧の中心では，低気圧の周辺から中心に向かって，反時計まわりに風が吹きこむ。山には南から風が吹いていたので，山の北側に低気圧がある。

(2)山の南(風上)側の空気が斜面をのぼるとき，気圧が下がって膨張し，温度が露点より低くなって雲ができる。また，山の北(風下)側の空気が斜面をくだるとき，気圧が上がって収縮し，温度が露点より高くなって雲が消える。このように,次々と雲が「できる」「消える」をくり返しているので，かさ雲がその場にとどまっているように見える。

!ここに注意 空気が上昇し，膨張して温度が下がり，露点より低くなった所で雲ができる。空気の上昇(上昇気流)は，次のような場合に起こる。

①太陽の光で地表が熱せられ，その地表と接する空気があたためられて上昇する。
②空気が山の斜面にぶつかり，斜面に沿って上昇する。
③暖気(あたたかい空気)が寒気(冷たい空気)の上にはい上がる，または，寒気が暖気をもち上げることで，暖気が上昇する。

記述問題にチャレンジ 気温が高くなれば飽和水蒸気量は多くなる。含まれている水蒸気量に変化がなければ，飽和水蒸気量が多いほど含むことのできる水蒸気量が多くなるので湿度は低くなり，飽和水蒸気量が少ないほど含むことのできる水蒸気量が少なくなるので湿度は高くなる。

入試攻略 Points

対策 ❶雲は，あたためられた空気が上昇する→空気は上空で膨張して温度が下がる→空気の温度が露点より低くなると水滴ができ始め，雲になる という順でできる。

❷湿度は，空気 1 m^3 中の水蒸気量と温度によって変化し，空気がどれくらい湿っているか，乾いているかの湿り気の度合いを示す。

湿度(%)＝$\frac{\text{空気 1 m}^3\text{に含まれる水蒸気量(g/m}^3\text{)}}{\text{その温度での飽和水蒸気量(g/m}^3\text{)}}$×100

で求められる。

❸天気図記号を理解して，気象観測のデータを読みとり，天気を判断する。

10時間目 日本の天気

解答（pp.22〜23）

1 (1)エ (2)ア
2 (1)ア (2)前線 Y
(3)前線 X…ア 前線 Y…イ
(4)前線 X
3 (1)イ→エ→ア→ウ (2)①西 ②東
4 (1)イ (2) 1016 hPa (3) C

記述問題にチャレンジ 例 **シベリア気団が日本海の上空で水蒸気を多く含むため。**

解 説

1 (1)寒冷前線の記号は▼▼▼，温暖前線の記号は●●●，停滞前線の記号は●▼●▼，閉塞前線の記号は●▲●▲である。

(2)寒冷前線付近では，寒気によって暖気が急激におし上げられ，積乱雲などのかたまり状の雲ができる。これに対し，温暖前線付近では，暖気がゆるやかに寒気の上にはい上がり，乱層雲などの層状の雲ができる。

2 (1)高気圧では，中心から時計まわりに風が吹き出し，低気圧では，中心に向かって反時計まわりに風が吹きこむことから，P 地点を前線 X が通過する前には南西の風が吹き，前線 X が通過したあとには北西の風が吹く。

(2)前線Xは，寒気が暖気を強くおし上げてできる寒冷前線で，前線Yは，暖気が寒気の上にゆるやかにはい上がってできる温暖前線である。前線の通過後，暖気におおわれるのは温暖前線なので，前線Yにあたる。

(3)前線X(寒冷前線)付近で発生しやすい雲は，**ア**の積乱雲，前線Y(温暖前線)付近で発生しやすい雲は，**イ**の乱層雲である。

(4)前線の通過時に，強いにわか雨が降り，突風をともなうような急激な天気の変化を起こす前線は寒冷前線なので，前線Xである。

3 (1)26日の天気は，上空をおおっていた高気圧が東へ去り，西から前線をともなった低気圧が近づいてくるので，天気はだんだんくだり坂になる。

27日の天気は，低気圧の中心が通過する前に，まず温暖前線が通過するため，しとしととした雨が降るとともに南よりの風が吹く。その後，低気圧の中心が最も近づいたあとに寒冷前線が通過するので，風は南よりから北よりに変わり，短時間に激しい雨が降る。

28日の天気は，2つの低気圧がしだいに東へ去り，西から移動性の高気圧におおわれてくるので，天気はしだいに回復する。

29日の天気は，移動性の高気圧にすっぽりとおおわれ，おだやかな快晴である。

(2)春や秋の天気は周期的に変わりやすいが，これは一般に，日本付近の天気は**偏西風**(日本列島の上空を吹く強い西風)の影響を受けて，西から東へと移り変わるからである。

ここに注意 温暖前線と寒冷前線の通過にともなう，気温の変化や雨の降り方を理解しておこう。

温暖前線…前線が近づくにしたがって層状の雲がしだいに低くなり，やがて雨が降り出す。雨はおだやかだが，降る範囲は広く，時間も長い。前線が通過したあとは暖気の範囲に入るので，気温は上昇し，天気も回復する。

寒冷前線…前線が近づくにしたがって積乱雲が近づき，急に雨が降り出す。雨は激しく，突風や雷をともなうこともあるが，降る範囲は狭く，時間も短い。前線が通過したあとは寒気の範囲に入るので，気温は急に下がる。また，風向は南よりから西または北よりに急変する。

4 (1)日本の夏は，小笠原気団が南から大きくはり出してきて，南高北低の気圧配置になりやすく，南東からあたたかく湿った季節風が吹いてむし暑くなる。

(2)等圧線は，1000hPaを基準として4hPaごとに実線で引かれている。この天気図では，1008hPaの等圧線をもとにして数えるとよい。

破線は2hPaごとに引かれた補助的な線なので，高気圧の中心付近の気圧1018hPaをもとにして数える場合は注意すること。

(3)天気図で風の強弱を読みとるポイントは等圧線の間隔である。等圧線の間隔が狭ければ強い風が，等圧線の間隔が広ければ弱い風が吹く。

記述問題にチャレンジ シベリア気団は冷たくて乾燥した気団である。シベリア気団が日本海の上空を通過する間に多量の水蒸気を含んで雲をつくる。この雲が，日本列島の山脈にぶつかって上昇し，雲がより発達して日本海側の各地に雪を降らせる。

入試攻略Points

対策 ❶温帯低気圧から南東方向に温暖前線が，南西方向に寒冷前線がのびている。

❷温暖前線が近づいてくると，**巻雲**や巻層雲が現れ，その後，雲はだんだんと厚くなり，**高層雲**や**乱層雲**のような層状の雲でおおわれることが多い。

寒冷前線が近づいてくると，激しい上昇気流が発生し，積雲や**積乱雲**のような厚みのある雲が現れ，強いにわか雨が降ることが多い。

❸**冬の天気**…シベリア気団の影響により，西高東低の気圧配置になる。日本海側は雪が降り，太平洋側は晴れて乾燥する日が多い。

春の天気…偏西風の影響を受け，移動性高気圧と低気圧が日本列島を交互に通過するようになるので，4～5日の周期で天気が変わることが多い。

梅雨(つゆ)…勢力がほぼ同じであるオホーツク海気団と小笠原気団がぶつかり合うため，停滞前線が発生し，雨の多いぐずついた天気になる。

夏の天気…小笠原気団の影響により，南高北低の気圧配置になりやすく，むし暑くなる。

秋の天気…春と同じように偏西風の影響を受け，天気は周期的に変化する。

11時間目 細胞と生物のふえ方

解答 (pp.24～25)

1 (1)**うすい塩酸**
(2)例**指で根をおしつぶすようにして広げる。**
(3)**g→f→e** (4)①**数** ②**大きく**

2 (1)**ウ→イ→ア→エ(→オ)** (2)**染色体**
(3)**遺伝子** (4)**DNA(デオキシリボ核酸)**

3 (1)イ→オ→ウ→エ→ア　(2)卵巣(らんそう)
(3)有性生殖(せいしょく)

4 (1)D　(2)ウ

記述問題にチャレンジ　例 **受精卵(じゅせいらん)が細胞分裂(さいぼうぶんれつ)を開始してから自分で食物をとり始めるまでの時期。**

解　説

1 (1)細胞を1つ1つ離(はな)れやすくするために，うすい塩酸で処理する。
(2)細胞どうしが重ならないようにするため，指で根をおしつぶすようにして広げる。細胞が重なっていると観察しにくいので，観察しやすくするためにこの操作を行う。
(3)細胞分裂をしている **e** の細胞が最も小さく，**f** と **g** は同じ倍率なので，実際の大きさは **g** のほうが大きい。
(4)細胞が分裂することによって細胞の数がふえ，その1つ1つの細胞がそれぞれ大きくなることによって，根が成長する。

2 (1)細胞分裂は，次のような順序で行われる。
（図は植物の場合）

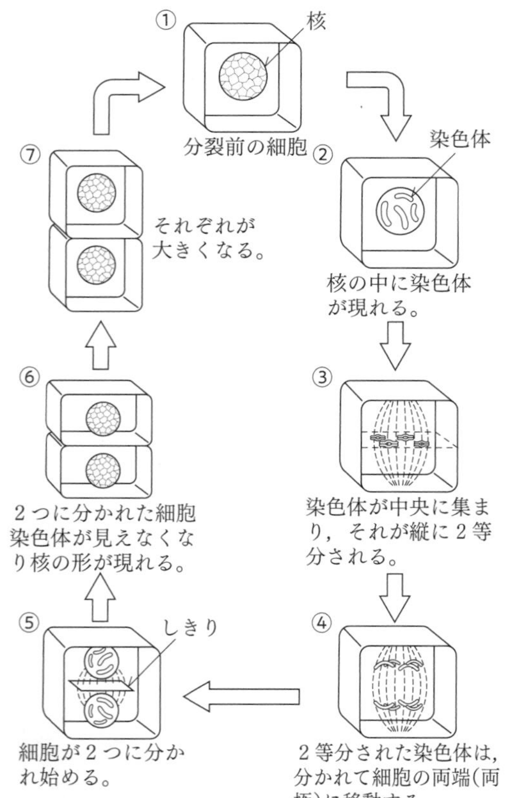
①
核
分裂前の細胞
②
染色体
核の中に染色体が現れる。
③
染色体が中央に集まり，それが縦に2等分される。
④
2等分された染色体は，分かれて細胞の両端(両極)に移動する。
⑤
しきり
細胞が2つに分かれ始める。
⑥
2つに分かれた細胞
染色体が見えなくなり核の形が現れる。
⑦
それぞれが大きくなる。

(2)細胞分裂が始まると核の中に見える，ひものような形をしたものを**染色体**という。染色体は染色液によく染まる。
(3)染色体の中には**遺伝子**という生物の形や特徴(とくちょう)を決定するものが含(ふく)まれていて，それらが子孫に伝えられる。
(4)遺伝子の本体は **DNA(デオキシリボ核酸)**である。

3 (1)1個の細胞である受精卵は，細胞分裂をくり返し，たくさんの細胞からなる胚(はい)に変化する。胚の細胞はさらに細胞分裂をくり返して，やがて複雑なからだのしくみをもったおたまじゃくしになる。
(2)卵(らん)は雌(めす)の卵巣でつくられ，精子は雄(おす)の精巣でつくられる。
(3)有性生殖では，両方の親の染色体に含まれる遺伝子を受けつぐため，その組み合わせによってさまざまな特徴をもつ子が生まれる。

4 (1) **A** はめしべ，**B** はおしべ，**C** はがく，**D** は子房(しぼう)である。卵細胞は，子房の中の胚珠(はいしゅ)にある。
(2)**ア**，**イ**，**エ**はいずれも有性生殖である。

記述問題にチャレンジ　受精卵は体細胞分裂をくり返して胚になる。胚の細胞はさらに分裂して数をふやすとともに，形やはたらきの異なる細胞となり，成長し成体となる。受精卵から成体になるまでの過程を**発生**という。

ここに注意　生物のからだが成長するときに行われる分裂(**体細胞分裂**)では，分裂の前とあとの細胞のもつ染色体の数は同じだが，生殖細胞をつくるときに行われる分裂(**減数分裂**)では，分裂後の細胞がもつ染色体の数は，分裂前の細胞がもつ染色体の数の半分になる。この違(ちが)いをよく理解しておこう。また，生殖細胞の染色体の数がふつうの細胞の染色体の数の半分だから，生殖細胞の受精によってできた受精卵の染色体の数は，ふつうの細胞の染色体の数と同じになる。

入試攻略 Points

対策　❶体細胞分裂は，**2**(1)の図のように，
①・②核の中に染色体が現れる。
③染色体が中央に集まる。
④数が2倍になった染色体が，それぞれ分かれて細胞の両端(りょうたん)に移動する。
⑤細胞質の中央にしきりができて分裂する(動物の細胞では中央がくびれて分裂する)。
⑥2つに分かれたあと，染色体が見えなくなり，核の形が現れる。
⑦それぞれが大きくなる　の順となる。

❷体細胞分裂した細胞がもとの大きさまで成長して，また体細胞分裂をくり返す。このくり返しにより生物は成長していく。

❸雄と雌がかかわって子孫をつくる生殖を**有性生殖**，親のからだの一部が分かれて，それがそのまま子になることを**無性生殖**という。

12時間目 遺伝のしくみ

解答（pp.26〜27）

1 (1)**無性生殖** (2)**ウ**
2 (1)**エ** (2)**顕性形質** (3)**分離の法則** (4)**ウ**
3 (1)**A** (2)**エ** (3)**イ**
4 (1)**相同器官** (2)**シソチョウ（始祖鳥）**

記述問題にチャレンジ 例**生殖細胞ができるときの分裂は，染色体の数がもとの細胞の半分になる分裂だから。**

解説

1 (1)親のからだの一部が分かれて，それがそのまま子になることを無性生殖という。
(2)無性生殖では，親のもつ遺伝子と子のもつ遺伝子は同じになる。

2 (1)メンデルは遺伝の規則性を発見した人物である。
(2)対立形質をもつ純系どうしをかけ合わせたとき，子には親のいずれか一方の形質が現れる。このとき，子に現れる形質を**顕性形質**，子に現れない形質を**潜性形質**という。
(3)減数分裂の結果，対になっている遺伝子が分かれて，別々の生殖細胞に入ることを**分離の法則**という。
(4)①は AA，②は Aa，③は Aa，④は aa となる。丸い種子になるのは①，②，③の 3 つ，しわのある種子になるのは④だけだから，

丸い種子：しわのある種子＝3：1

ここに注意 遺伝の規則性について理解しておこう。
顕性の遺伝子をもつ純系と潜性の遺伝子をもつ純系をかけ合わせると，子に現れる形質はすべて顕性形質である。
顕性の遺伝子と潜性の遺伝子の両方をもつ子どうしをかけ合わせると，孫に現れる形質は，
顕性形質：潜性形質＝ 3：1 となる。

3 (1)丸形の純系のエンドウは AA という組み合わせの遺伝子をもち，減数分裂によって遺伝子 A と遺伝子 A に分かれ，それぞれ別々の生殖細胞に入る。
(2)子葉の色を決める遺伝子を，黄色は B，緑色は b と表すことにすると，形質が異なる（対立形質をもつ）純系の親がもつ遺伝子はそれぞれ BB，bb である。この親をかけ合わせてできる子がもつ遺伝子は Bb となり，すべて黄色になる。さらに，子どうしをかけ合わせてできる孫がもつ遺伝子は右の表より，BB，Bb，Bb，bb となり，その個体数の比は，

	B	b
B	BB	Bb
b	Bb	bb

黄色：緑色＝3：1 となる。よって，

3：1＝X：2001，X＝6003

となり，**エ**がおよその個体数となる。
(3)(2)と同様に考えると，遺伝子 AA，Aa，aa をもつ孫の個体数の比は，

AA：Aa：aa＝1：2：1

丸形の形質が現れるのは AA と Aa であり，その個体数が 5474 だから，このうち丸形の純系のエンドウの遺伝子 AA と同じ遺伝子をもつ孫の個体数は，

$5474 \times \frac{1}{3} = 1824.6\cdots$

となり，**イ**がおよその数となる。

4 (1)ワニの前あし，スズメの翼，イヌの前あしのように，現在では形態やはたらきは異なるが，起源が同じ器官を**相同器官**という。
(2)シソチョウ（始祖鳥）は羽毛をもち，現在の鳥類と似た姿をしているのと同時に，口には歯，翼の先には爪があって，現在のは虫類にも似ている。このことから，シソチョウ（始祖鳥）はは虫類と鳥類の中間の動物と考えられている。

記述問題にチャレンジ 減数分裂により雄，雌それぞれ半数ずつの染色体が子に受けつがれ，もとの染色体の数と等しくなる。

入試攻略Points

対策 ❶**無性生殖と有性生殖**

無性生殖…分裂によって子をふやすふやし方のことを無性生殖という。植物において，からだの一部から新しい個体をつくる栄養生殖も無性生殖の 1 つである。

有性生殖…有性生殖では，減数分裂により雄，雌それぞれ半数ずつの遺伝子が子に伝わるため，子に現れる形質は親のどちらかと同じになる。

❷対立形質をもつ純系どうしをかけ合わせると，できる子にはすべて顕性形質が現れるが，子どうしをかけ合わせると，孫に現れる形質は，
顕性形質：潜性形質＝3：1 となる。

❸動物は水中にすむ動物から陸上にすむ動物（魚類→両生類→は虫類・ほ乳類，は虫類→鳥類）へと進化している。

13時間目 天体の動き方と地球

解答（pp.28〜29）

1 (1)ウ (2)エ (3)ウ
(4)例 地球が一定の速さで自転しているから。

2 (1)北極星 (2)エ (3)ア (4)ア

3 (1)さそり座 (2)B

4 (1)D
(2)右図

春分の日の日の入りの位置

5 (1)冬
(2)C

記述問題にチャレンジ 例 **真東からのぼり，天頂を通り，真西に沈む。**

解説

1 (1)サインペンの先の影が，円の中心Oと重なるようにして×印をつける。こうすると，天球の中心に観測者がいて，天球上の太陽の動きを天球の内側から見たときと同じ記録ができる。
(2)太陽は，東からのぼって南の空を通り西に沈む。太陽の高度が最も高くなったRの方向が真南だから，Mが日の出，Lが日の入りの位置である。
(3)太陽の南中高度は，太陽が南中したときの太陽と地面のなす角度である。
(4)記録のような太陽の日周運動は，地球が自転していることによって生じる見かけの動きである。

2 (1)・(2)北の空では，星は北極星を中心に反計時まわりに動いているように見える。
(3)図2では，恒星aは下から上へ動くように見える。恒星aが雲でかくれ始めた位置は，恒星aの動きの記録の下から$\frac{1}{4}$ぐらいで，撮影をしていた時間は1時間なので，撮影を始めたときから恒星aが雲にかくれ始めるまでの時間は，

$\frac{1}{4} \times 60$〔分〕$= 15$〔分〕

(4)恒星aは地球の公転のため，1か月後の22時には図Ⅰの撮影日の22時の位置よりも約30°反時計まわりの向きに移動して見える。また，恒星aは地球の自転のため，1時間に15°ずつ反時計まわりの方向に移動して見える。これらのことから，恒星aが，1か月後に，図Ⅰの撮影開始時刻の22時の位置とほぼ同じ位置に見えるのは，

$30° \div 15° = 2$〔時間〕

だから，22時の2時間前である。

ここに注意 星の年周運動や日周運動について理解しておこう。
恒星は，年周運動によって1か月におよそ30°西に移動するが，日周運動で1時間におよそ15°西に移動することより，南中時刻は1か月でおよそ2時間はやくなる。

3 (1)真夜中に南中する星座は，地球から見ると，太陽の方向と反対側の位置にある星座である。
(2)地軸の傾きから考えると，地球がAの位置にあるときに日本の季節は夏であるから，日本の季節が秋のときはBである。

4 (1)昼の時間が最も短い日が冬至の日で，最も長い日が夏至の日である。
(2)春分の日には，太陽は真東から出て真西に沈む。春分の日をすぎると，日の出と日の入りの位置はしだいに北よりになり，夏至の日にいちばん北よりになる。夏至の日をすぎると，日の出と日の入りの位置はしだいに真東と真西のほうにもどり始め，秋分の日には，再び太陽は真東から出て真西に沈むようになる。秋分の日をすぎると，日の出と日の入りの位置はしだいに南よりになり，冬至の日にいちばん南よりになる。

5 (1)オリオン座が午後10時に南中するのは，1月初めである。
(2) 1か月たつと，星座は西へ30°だけ移動している。1か月後の午後10時には，図のCの位置から30°西に移動しているので図のDの位置となる。星座は1時間で15°西に移動しているように見えるので，2時間前の午後8時にはDの位置から，$15° \times 2 = 30°$だけ東の方向に移動させればよい。よって，1か月後の午後8時には図のCの位置にあることになる。

記述問題にチャレンジ 春分・秋分の日に太陽は真東からのぼり，真西に沈む。赤道付近では途中，天頂を通る。

入試攻略Points

対策 ❶透明半球上に太陽の1日の動きを表すことができる。
❷東の空の星は左下から右上に，南の空の星は東から西へ弧を描くように，西の空の星は左上から右下に移動する。北の空の星は，北極星を中心に反時計まわりに1時間におよそ15°ずつ回転している。
❸地球は太陽のまわりを公転している。そのため，季節によって見ることのできる星座が移り変わる。

14時間目 太陽系と宇宙

解答（pp.30〜31）

1 (1)**イ・エ**
(2)例**接眼レンズ(ファインダー)から太陽を直接見ること。**
(3)例**黒点は周囲より温度が低いから。**
(4)**コロナ**

2 (1)**G** (2)**新月** (3)**B** (4)**イ**

3 (1)**イ** (2)**ウ**
(3)例**金星は地球の軌道の内側を公転しているから。**

4 (1)**ウ** (2)**ウ**

記述問題にチャレンジ 例**おもに岩石でできていて，大きさや質量は小さいが，平均密度が大きい惑星。**

解 説

1 (1)太陽の表面にある黒点が一定方向に移動していることから，太陽は自転していることがわかる。また，中央付近で円形に見えた黒点が，周辺部に移動するにしたがってだ円形に見えてくることから，太陽は球形であることがわかる。
(2)太陽の光は非常に強いので，接眼レンズやファインダーで直接太陽を見てはいけない。
(3)太陽の表面の温度は約6000℃だが，黒点の温度は約4000℃でまわりよりも温度が低いため，黒く見える。
(4)コロナは，太陽をとりまくガスの層で，100万℃以上の高温である。

2 (1)・(2)太陽，月，地球の順に一直線に並んだとき，つまり月が新月のときに**日食**が，太陽，地球，月の順に一直線に並んだとき，つまり月が満月のときに**月食**が起こる。
(3)月の右半分が輝いている半月(上弦の月)より少しだけ満月に近づいているので，**B**となる。
(4)**B**の位置から4日たつと，月は地球のまわりを反時計まわりに回っているので，**C**の位置付近にくる。

3 (1)地球と金星の位置と金星の見え方の関係は右の図のようになっている。**図2**は西の空で半分欠けて見えるので，**イ**があてはまる。**ア**では丸く見える。

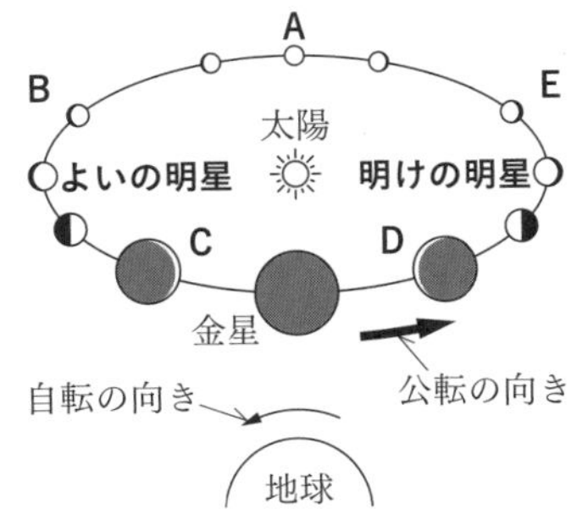

(2)同じ方向に公転していて，金星の公転周期のほうが短いため，1か月後の12月初旬では，**図2**のときよりもっと地球に近づいた位置にくる。そのため，より大きく見えるが，欠けている部分も大きくなる。
(3)金星は，地球よりも太陽に近い所を公転しているため，真夜中に見ることはできない。また，地球からの距離によって見かけの大きさは大きく変わる。さらに，金星は地球と同じように，自ら光を出すことはなく，太陽の光を反射して輝いている。

ここに注意 金星の動きや見え方は，金星と地球や太陽の位置との関係から理解しておこう。
　地球より内側を公転する金星は，夕方の西の空か明け方の東の空にしか見えない。満ち欠けをし，見かけの大きさも地球からの距離の変化によって大きく変化する。

4 (1)木星は地球より外側を公転している惑星で，太陽系の中でいちばん大きな惑星である。
(2)表より，質量と赤道直径については木星がいちばん大きいので**ア**と**エ**は不適，平均密度については太陽に近いほうが大きいので**イ**は不適となる。

記述問題にチャレンジ 主に岩石でできていて，大きさ・質量は小さいが，平均密度が大きい水星，金星，地球，火星を**地球型惑星**という。また，厚いガスや氷におおわれていて，大きさ・質量は大きいが平均密度の小さい木星，土星，天王星，海王星を**木星型惑星**という。

入試攻略Points

対策 ❶太陽は，水素やヘリウムなどのガスからなるガス体である。直径は約140万km，中心部の温度は1600万℃近くで，表面温度は約6000℃ある。
❷月は，新月→三日月→半月(上弦の月)→満月→半月(下弦の月)→新月 と満ち欠けして見える。これは太陽，月，地球の位置関係が変化し，月の輝いている部分が変化するためである。
❸金星は，月と同じように，満ち欠けして見え，地球からの距離により，見える大きさも変化する。

15時間目 自然と人間

解答（pp.32～33）

1 (1)ア　(2)ウ　(3)エ

2 (1)消費者　(2)有機物

3 (1)呼吸

(2)消費者…B，C

最も数量が多いもの…A

(3)ウ　(4)例気温を上昇させている。

4 (1)太陽光発電

(2)例光合成を行うときにとり入れた

記述問題にチャレンジ　例二酸化炭素には宇宙へ放出される熱の一部を地表へもどす効果があるため。

解　説

1 (1)生物Aは，光合成を行い有機物をつくり出すことから植物，生物Bは植物を食べるので草食動物，生物Cは動物を食べるので小形の肉食動物，生物Dは大形の肉食動物となる。

(2)食物となる生物の数量が多くなると，その生物を食物とする生物がふえ，食物となる生物の数量が少なくなると，その生物を食物とする生物が減る。

(3)生物Cの数量が減少すれば，生物Cを食物とする生物Dの数量も減少し，生物Cに食べられていた生物Bは増加する。

ここに注意　食物連鎖の数量関係と生物間のつりあいについて理解しておこう。

ふつう，食物連鎖の関係にある動植物は植物の数量が最も多く，上位にくる動物の数量が少なくなるピラミッド形になる。

ある生態系において一時的に数量的なつりあいがとれなくなっても，長い年月で考えると数量的なつりあいが保たれている。

2 (1)生産者を直接的，または間接的に食べて有機物を得る生物を**消費者**という。消費者のうち，植物の死がいである落ち葉を食べて，有機物を無機物に分解するダンゴムシやミミズなどの生物は**分解者**に分類される。

(2)カビやキノコなどの菌類は，落ち葉や枯れ枝などの有機物を無機物に分解して，生きるためのエネルギーを得ている。

3 (1)生物は，呼吸によって酸素をとり入れ，有機物を分解して生きるためのエネルギーをとり出し，炭素を二酸化炭素の形で放出している。

(2)生物Aは，二酸化炭素を放出しているが吸収もしているので，光合成を行う植物であることがわかる。また，生物Bは，植物である生物Aを食べているので草食動物，生物Cは，草食動物である生物Bを食べているので，肉食動物である。動物はつくられた有機物を食べるので消費者とよばれる。ふつう，食べる生物の数量に対して，食べられる生物の数量のほうが多い。

(3)分解者にあたるのは，ダニ，ミミズなどの小動物と菌類・細菌類などである。

(4)二酸化炭素は熱を吸収するため，二酸化炭素が空気中にふえると，宇宙空間に放出される熱が今までより少なくなり，その結果，地球の温暖化が起き，気温が上昇すると考えられている。

4 (1)太陽光や風力，地熱などは二酸化炭素を発生せず，枯渇のおそれも少ないため，再生可能エネルギーとよばれる。

(2)植物は光合成を行うときに空気中の二酸化炭素をとり入れ，有機物をつくり出す。つまり，植物のからだの中にある炭素は，空気中の二酸化炭素が形を変えたものである。

記述問題にチャレンジ　二酸化炭素やメタンは宇宙からの熱は通すが，地球から放出される熱の一部を宇宙へ放出せず，反射して地表にもどす性質がある。このため，地球の大気の温度がじょじょに上昇する地球の温暖化現象が起こっている。

入試攻略Points

対策　❶「食べる・食べられる」の関係では，生産者である植物，消費者である草食動物，小形の肉食動物，大形の肉食動物の順にその数が少なくなる。

❷土の中の生物では，落ち葉→ダンゴムシやミミズ→クモやトカゲ　というように食物連鎖が行われている。

土の中の小動物や菌類・細菌類などは，生物の死がいやふんなどの有機物をとり入れ，無機物を放出しているので，分解者とよばれる。

❸自然界において，炭素は気体(二酸化炭素)や固体(有機物)などさまざまなものに変化して循環している。

総仕上げテスト ①

解答（pp.34〜36）

1 (1)①ア　②A…裏　B…気孔
(2)向き…横向き
役立つ点…例広い範囲を見ることができる点。
例敵をすばやく見つけることができる点。　など
(3)感覚器官(感覚器)　(4)X
(5)A…食物連鎖　B…呼吸

2 (1)ウ
(2)例Ⓠの層の岩石に含まれている粒は丸みがあるが，Ⓟの層の岩石に含まれている粒は角ばっている。
(3)例岩石Xは岩石Yに比べて，マグマが急に冷えて固まったから。

3 (1)ア，エ　(2)①少な　②はなす
(3)例視野は暗くなり，見える範囲は狭くなる。
(4) $X > Y > Z$

4 (1)二酸化炭素　(2)A(と)C　(3)A(と)B
(4)①道管　②師管

5 (1)天気…晴れ　風向…東北東　風力…2
(2)下降気流　(3)停滞前線　(4)ア
(5)例地表や地表付近で急に冷えてできた。

解　説

1 (1)①ルーペは目に近づけて持ち，観察するものを前後に動かしてピントを合わせる。ルーペで観察する場合，見ている像は虚像であるから，焦点距離よりも内側に見たいものを置くことになるので，葉の位置は**ア**となる。
②植物の葉はたくさんの細胞が集まってできている。葉の表皮には，2つの三日月形の細胞(孔辺細胞)に囲まれた**気孔**という小さな穴がある。気孔は葉の裏側に多く，水蒸気の出口，酸素や二酸化炭素の出入り口となっている。

(2)肉食動物の目は顔の前面にあり，獲物が立体的に見え，獲物までの距離をはかるのに適している。草食動物の目は顔の側面にあるので，周囲を広く見渡すことができ，敵をすばやく見つけることができる。

(3)目は光の刺激，鼻はにおいの刺激，舌は味の刺激，耳は音の刺激，皮膚はあたたかさや冷たさ，痛みなどの刺激を受けとる感覚器官である。

(4)Xのビーカーは土の中の微生物がデンプンを分解して無機物に変えるため，ヨウ素液を加えても青紫色に変化しないが，Yのビーカーはデンプンを分解する生物がいないため，ヨウ素液を加えると青紫色に変化する。
(5)生物の食べる・食べられるの関係を**食物連鎖**という。自然界の炭素は，食物連鎖では有機物で，呼吸や光合成では二酸化炭素となって循環している。

2 (1)凝灰岩は，火山灰などの火山の噴出物が堆積してできた岩石である。また，Ⓟの層の上下の砂岩の層にアサリやハマグリなどの海の生物の化石が見られることから，堆積当時は海底であったことがわかる。
(2)Ⓠの層をつくる砂の粒は，流水に運ばれる間にぶつかりあったりして角がけずられたため，丸みを帯びているものが多いが，Ⓟの層をつくる凝灰岩に含まれる粒は，角ばったものが多い。
(3)岩石Xは斑状組織をもつ火山岩で，岩石Yは等粒状組織をもつ深成岩である。火山岩に石基があるのは，火山岩はマグマが地表や地表付近で急に冷やされてできたため，結晶になれなかったからである。

3 (1)動脈は，頭のほうから尾びれの先のほうへ流れ，静脈は，尾びれの先のほうから頭のほうへ流れる。
(2)赤血球中のヘモグロビンは，酸素が多い所では酸素と結びつき，酸素が少ない所では酸素をはなす性質がある。尾では，えらと比べて酸素が少ない。
(3)顕微鏡の倍率を高倍率にすると，入ってくる光の量が減るので視野は暗くなり，見える範囲は狭くなる。反射鏡やしぼりで明るさを調節して観察する。
(4)水中の小さな植物は，光合成を行う生産者で，いちばん数が多い。メダカは，水中の小さな動物を食べる消費者で，いちばん数が少ない。

4 (1)石灰水を白く濁らせる気体は二酸化炭素である。試験管内の二酸化炭素が減少するのはタンポポの葉が光合成を行ったときであるため，石灰水に変化が見られなかった試験管Aでは光合成が行われたことがわかる。
(2)二酸化炭素の減少にタンポポの葉の有無が関係しているかどうかを確かめるには，タンポポの葉の有無以外の条件が同じ(光があたっている)試験管A，Cを比較する。
(3)二酸化炭素の減少に光の有無が関係しているかどうかを確かめるには，光の有無以外の条件が同じ(タンポポの葉が入っている)試験管A，Bを比較する。
(4)植物では，水や水に溶けた養分などは道管を通り，光合成によってつくられたデンプンなどの栄養分は師管を通って全身に運ばれる。

5 (1)風向は，東と北東の間だから東北東，風力は矢ばねの数を数えて2になる。
(2)高気圧の中心付近では，下降気流が起こっており，雲ができにくく，晴れていることが多い。
(3)寒気と暖気の勢力がつりあった所にできる前線で，あまり動かないため**停滞前線**といわれる。停滞前線付近では，ぐずついた天気が続くことが多い。
(4)火成岩に含まれる有色鉱物には，黒色をした黒雲母(くろうんも)(雲母)，暗褐色(あんかっしょく)をした角閃石(かくせん)，暗緑色をした輝石(き)，緑褐色をしたカンラン石などがあり，無色鉱物には，石英(せきえい)，長石(ちょう)がある。**エ**は，無色鉱物どうしの組み合わせである。
(5)安山岩は，火成岩のうちの火山岩の一種で，マグマが地表や地表近くで急に冷やされてできたものである。

総仕上げテスト ②

解答（pp.37〜39）

1 (1)①シダ　②葉・茎(くき)・根
(2)記号…ⓔ
正しい説明…内臓をおおっている
(3)ミミズ，カビ，シイタケ
2 (1)対立形質　(2)ウ　(3)5：1
3 (1)イ　(2)ウ　(3)イ
4 (1)c　(2)肺胞(はいほう)　(3)①イ　②イ　(4)50秒
5 (1)露点(ろてん)　(2)37%　(3)イ
6 (1)エ　(2)53.4°(度)
(3)記号…ア
理由…例 地球は地軸(ちじく)を中心として西から東へ自転しているので，図2より，地点Xはこれから光があたる朝方であると判断でき，また，北極側が明るいことから，地軸の北極側が太陽の方向に傾(かたむ)いていることがわかるので，北極側にある地点Xは夏至(げし)であると判断できるため。

解説

1 (1)シダ植物とコケ植物はともに胞子(ほうし)でふえるが，シダ植物は葉・茎・根の区別があるのに対して，コケ植物にはない。また，シダ植物には維管束(いかんそく)があるが，コケ植物にはない。
(2)イカなどの軟体(なんたい)動物は，外とう膜(まく)で内臓がおおわれている。
(3)カビやキノコなどの菌(きん)類，大腸菌などの細菌(さいきん)類は，分解者に分類される。また，枯(か)れ葉などを食べるミミズも分解者に分類される。

2 (2)子に丸い種子としわのある種子が1：1の割合でできたことから，親の丸い種子の遺伝子は**Aa**，親のしわのある種子の遺伝子は**aa**であることがわかる。このとき，子の丸い種子の遺伝子は**Aa**なので，成長してつくる生殖細胞(せいしょくさいぼう)のうち，**A**をもつ生殖細胞と，**a**をもつ生殖細胞の数の割合は1：1である。
(3)孫の代の種子の遺伝子の組み合わせの割合は，
AA：**Aa**：**aa** = 1：2：1 になる。このうち，**AA**と**Aa**が丸い種子の遺伝子の組み合わせであり，その割合は，
AA：**Aa** = 1：2 である。

AAを自家受粉

	A	A
A	AA	AA
A	AA	AA

Aaを自家受粉

	A	a
A	AA	Aa
a	Aa	aa

Aaを自家受粉

	A	a
A	AA	Aa
a	Aa	aa

上のように，遺伝子の組み合わせが**AA**である種子を育てて自家受粉させても，遺伝子の組み合わせが**AA**である丸い種子しかできない。

遺伝子の組み合わせが**Aa**である種子を育てて自家受粉させると，遺伝子の組み合わせの割合は，
AA：**Aa**：**aa** = 1：2：1 であり，丸い種子としわのある種子の数の割合は3：1である。

したがって，孫の代の種子のうち，丸い種子だけを育て，自家受粉させてできた丸い種子としわのある種子の数の割合は，

$(4+3+3):(1+1)=10:2=5:1$

3 (1)**イ**の高潮は，台風などの強い低気圧が接近したときや，沖から海岸に向かって強い風が吹(ふ)いたときに海面が高くなる現象である。
(2)図や表より，震源(しんげん)から観測点までの距離(きょり)が大きくなると，その観測点における初期微動継続(しょきびどうけいぞく)時間は長くなることがわかる。初期微動継続時間は，震源から観測点までの距離に比例する。
(3)地震の波が伝わる速さは一定なので，P波が進む距離と時間は比例する。

地震が発生してから，P波が**A**地点に到達(とうたつ)するまでの時間をx〔s〕とすると，P波が**B**地点に到達するまでの時間は$x+4$〔s〕と表せるので，

$x:(x+4)=28:56=1:2$，$x=4$〔s〕

よって，地震が発生した時刻は，**A**地点で初期微動が始まった時刻9時42分09秒の4秒前の9時42分05秒である。

4 (1)栄養分は小腸で吸収され，血液とともに肝臓(かんぞう)に運ばれる。そのため，小腸を出た血液(**c**)の栄養分の割合が最も高い。

(2)気管支の先端にたくさんの肺胞があることで，肺の表面積が大きくなり，二酸化炭素と酸素の交換を効率よく行うことができる。

(3)タンパク質が分解されるときにできる有害なアンモニアは，血液とともに肝臓に運ばれて，無害な尿素に変えられる。

腎臓は，血液によって運ばれてきた尿素などの不要な物質を，余分な水分や塩分とともにこしとり，尿をつくる。

(4)右心室から出た血液は肺へと送られるため，体循環ではなく，肺循環である。左心室から出た血液は全身へと送り出されるため，こちらが体循環である。

体循環において，1 秒間に送り出される血液の量は，

$(80 \times 75) \div 60 = 100$〔$cm^3$〕

5000cm^3 の血液が心臓から送り出されるのにかかる時間は，

$5000 \div 100 = 50$〔秒〕

5 (1)空気中の水蒸気が凝結して，水滴になるときの温度を**露点**という。

(2)露点が 4℃であることから，実験室内の空気の水蒸気量は 6.4g/m^3 である。20℃の空気の飽和水蒸気量は 17.3g/m^3 なので，実験室の湿度は，

$\frac{6.4}{17.3} \times 100 = 36.9 \cdots \rightarrow 37$〔%〕

(3)実験室の湿度が 60%になったので，加湿器から放出された水蒸気量は，空気 1m^3 につき，

$17.3 \times 0.60 - 6.4 = 3.98$〔g〕

加湿器から実験室内の空気 200m^3 中に放出された水蒸気量は，

$3.98 \times 200 = 796 \rightarrow 800$〔g〕

6 (1)太陽は，天球上を 24 時間で 360°回転するので，1 時間に $360° \div 24 = 15°$ 回転し，2 時間では，$15° \times 2 = 30°$ 回転する。

(2)春分の日の太陽は赤道の真上にあるので，南中高度は，90° − その地点の緯度で求めることができる。表より，地点 **X** の緯度は北緯 36.6 度なので，地点 **X** での春分の日の太陽の南中高度は，$90° - 36.6° = 53.4°$ である。

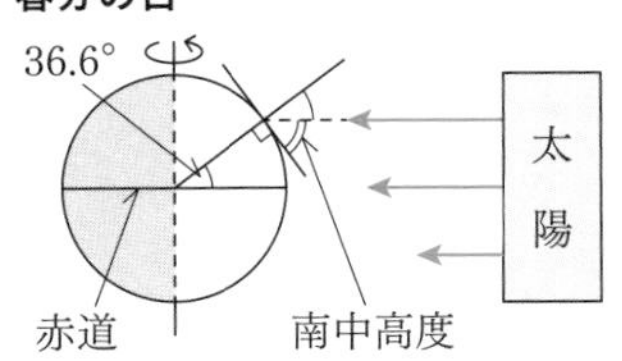

(3)太陽の光のあたり方から，右の図のように，夏至の日であるとわかる。また，地球は西から東へ自転しているので，地点 **X** はこれから夜が明ける朝方である。

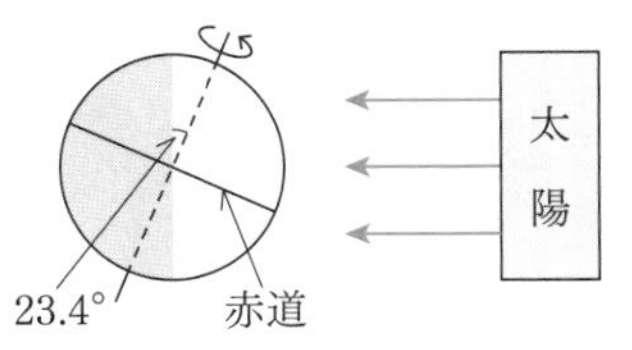

ここに注意 北半球での太陽の南中高度の計算方法を覚えておこう。

春分・秋分の日 = 90° − その地点での緯度(北緯)

夏至の日 = 90° − その地点での緯度(北緯) + 23.4°

冬至の日 = 90° − その地点での緯度(北緯) − 23.4°

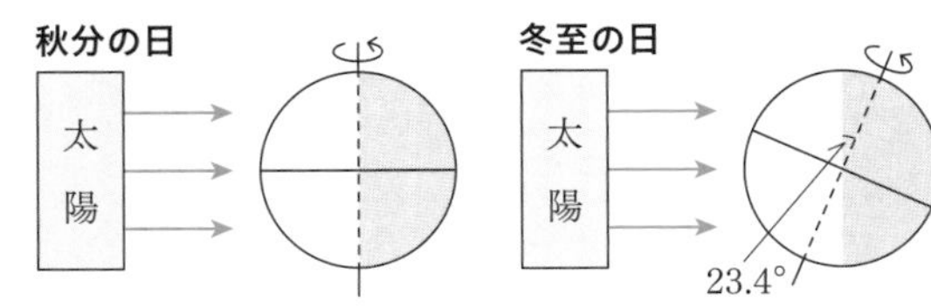